国家骨干高职院校工学结合创新成果系列教材

变电站综合自动化技术及应用

主编 李 波

主审 李林峰

中国水利水电出版社
www.waterpub.com.cn

内 容 提 要

本书主要根据变电站综合自动化的运行和检修岗位，选取了与变电站综合自动化技术有关的八个项目，分别是控制系统的操作、信号系统的校验、测量及监察系统检查、调节系统的调节、继电保护及自动装置系统的测试、通信系统的检验、操作电源系统的检验、后台操作系统的操作。每个项目又分为若干个典型工作任务，每个工作任务都从认识设备开始，然后是操作练习，最后是介绍与这个任务有关的原理和知识。

本书可作为高职院校发电厂及电力系统专业、电力系统自动化技术专业、电力系统继电保护与自动化专业的教材，也可以作为电力系统变电站的培训教材。

图书在版编目（CIP）数据

变电站综合自动化技术及应用 / 李波主编. —— 北京：
中国水利水电出版社，2015.2
国家骨干高职院校工学结合创新成果系列教材
ISBN 978-7-5170-2988-5

Ⅰ．①变… Ⅱ．①李… Ⅲ．①变电所－自动化技术－
高等职业教育－教材 Ⅳ．①TM63

中国版本图书馆CIP数据核字(2015)第034289号

书　　名	国家骨干高职院校工学结合创新成果系列教材 **变电站综合自动化技术及应用**
作　　者	主编 李波　　主审 李林峰
出版发行	中国水利水电出版社 （北京市海淀区玉渊潭南路 1 号 D 座　100038） 网址：www.waterpub.com.cn E-mail：sales@waterpub.com.cn 电话：(010) 68367658（发行部）
经　　售	北京科水图书销售中心（零售） 电话：(010) 88383994、63202643、68545874 全国各地新华书店和相关出版物销售网点
排　　版	中国水利水电出版社微机排版中心
印　　刷	三河市鑫金马印装有限公司
规　　格	184mm×260mm　16 开本　13 印张　308 千字
版　　次	2015 年 2 月第 1 版　2015 年 2 月第 1 次印刷
印　　数	0001—5000 册
定　　价	**32.00 元**

国家骨干高职院校工学结合创新成果系列教材

编　委　会

前言

广西水利电力职业技术学院于 2011 年获批国家骨干高职院校建设单位。在学院提出的建设方案里，把"变电站综合自动化技术及应用"作为一门核心专业课程来建设。编写这门课程的教材，就是其中一项重要的任务。

怎么编写一本适合高职院校的教材，是编者首先要考虑的事情。目前能看到的有关变电站综合自动化的教材，基本上都是以讲授系统原理为主的，高职的学生很难理解，学完后也不知能干些什么，这样的教材显然不适合高职的教学要求。

在电力系统企业就业的高职毕业生，都是工作在生产第一线的技术员。他们从事的大多是操作、检修和测试等很具体的工作，这就要求他们对各种设备非常了解，对工作流程非常熟悉，对岗位技能非常熟练。本书在编写时邀请了广西电网的专家，一起探讨"变电站综合自动化技术及应用"这门课程，应该让学生学到什么、会做什么。编者一致认为，按照职业教育的理念和要求，教材应重在技能训练和讲解，就是对一些工作任务的操作步骤和工作流程进行训练和讲解，同时也介绍了一些常见的故障及处理方法，而对变电站综合自动化各子系统的原理不作系统的讲述，只是穿插在各个项目任务中介绍，够用为止，不求完整。因此，编者选取了与变电站综合自动化系统的操作、检修和测试有关的 8 个项目，每个项目又分为若干个典型工作任务，每个工作任务都从认识了解设备开始，然后是操作练习，最后是介绍与这个任务有关的原理和知识。鉴于广西水利电力职业技术学院以全真一、二次电气设备的变电站为核心的电力技术综合实训基地已建成并投入运行，因此，各项目就是以实训基地的设备和工作任务来编写的，最终完成了这本具有较强实用性教材的编写。

书中项目一和项目二由李波编写，项目三由廖旭升编写，项目四和项目八由颜晓娟编写，项目五由徐庆锋编写，项目六由兰依编写，项目七由韦海亭编写。全书由李波担任主编并负责统稿。黔西南民族职业技术学院谢宜云副教授参与了项目一和项目二部分内容的编写。

本书由广西电网公司李林峰高级工程师担任主审。李林峰高工认真审阅了全稿，并提出了许多宝贵意见。在此，表示衷心的感谢。

本书在编写过程中，参考了大量正式出版的文献资料和电力企业、生产厂家的技术资料，在此一并表示感谢。

限于编者的水平，书中难免存在不足之处，敬请读者批评指正。

编者

2014 年 8 月

目 录

项目一　控制系统的操作

任务一　10kV 开关柜断路器的就地、远方及遥控操作
（以主变进线柜为例，KYN28A－12 型）

一、开关柜断路器的就地操作

认识： 在开关柜的前门，可以看到两个按钮，红色为合闸按钮，绿色为跳闸按钮。还有一个断路器跳位置指示器，显示"I"为合闸，显示"O"为跳闸。与开关柜断路器就地跳、合闸操作有关系的两个电源是"控制电源"和"储能电源"，找找看，控制这两个电源的空气开关（简称空开）在哪里？

步骤： 断路器位置指示器显示"O"，表示断路器当前在跳闸位置，直接按下合闸按钮。

断路器位置指示器显示"I"，表示断路器当前在合闸位置，直接按下跳闸按钮。

观察： 按下合闸按钮后，听到、看到什么？

按下分闸按钮后，听到、看到什么？

思考：（1）在进行"合闸"和"跳闸"操作时，如断路器没有动作，什么原因？查查看，控制电源是否有压，弹簧是否已储能？

（2）开关柜手车在"运行"位置时，能进行合闸操作吗，为什么？

（3）开关柜手车在"断开"、"试验"和"运行"不同的位置时，能进行合闸操作吗，为什么？

原理： 通过机构箱上的操作按钮进行就地操作。

图 1-1 和图 1-2 为 KYN28A－12 型开关柜跳合闸原理图。SHA 为合闸按钮，TA 为跳闸按钮。CZ 为二次元件插件，回路编号 101、102 为控制电源正、负极，其空气开关装在相应的主变保护 A 柜上。DK1、DK2 为储能电源空气开关。S8 为手车试验位置行程开关，手车在试验位置 S8 是闭合的。S1 为弹簧储能行程开关，弹簧已储能时闭合。YC 为断路器合闸线圈，YT 为跳闸线圈，KO 为断路器防跳线圈。

当满足"手车在试验位置，弹簧已储能"的条件时，按下红色合闸按钮 SHA，合闸线圈 YC 通电，断路器合闸。断路器合闸后由于储能弹簧的能量已释放，触动了微动行程开关 S3 闭合，启动电机，压缩弹簧重新储能。当弹簧完成储能后，触动微动行程开关 S3 断开，电机停转，同时发出"已储能"信号。

按下绿色跳闸按钮 TA 时，不管手车在运行位置还是在试验位置，断路器都能跳闸。

一般继电保护装置都设有断路器防跳回路，称"装置防跳"，即 TBJ 及相应回路。断路器机构箱内也设有断路器防跳回路，称"机构防跳"，即 KO 防跳继电器及相应回路。有时，这两种防跳会冲突，造成断路器不能合闸。这样，就要取消其中一种防跳。通常是

取消"机构防跳"，如在图1-1中断开压板JP1。因为"装置防跳"与保护回路在一起，可靠性比较高。

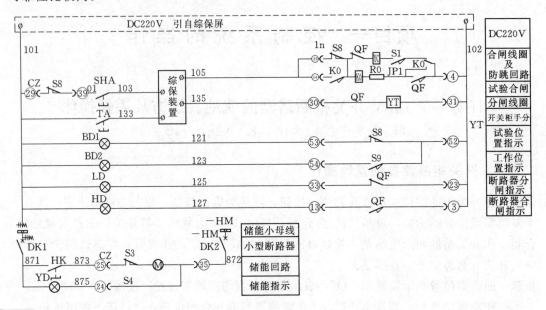

图1-1　KYN28A-12型开关柜跳合闸原理图一

二、测控装置（柜）的远方操作（以主变保护测控柜的 RCS-9703C 测控装置和 CJX-11 操作箱为例）

认识： 在主变保护测控柜的测控装置 RCS-9703C 旁，找到控制开关 QK，有"强制手动"、"远控"和"同期手合"三个位置。各位置意义如下：

QK"强制手动"是指在测控柜上就地进行断路器的跳、合闸操作。

QK"远控"是指在主控室后台机上进行断路器的跳、合闸操作。

QK"同期手合"是指在满足同期条件后，在测控柜上就地进行断路器的合闸操作。

还有红色的合闸按钮 HA，绿色的跳闸按钮 TA。3S 为"五防装置"接口。

步骤： 把 QK 打到"强制手动"位置，用"五防"编码锁接通 3S，然后按下跳、合闸按钮进行断路器远方的跳、合闸操作。

观察： 按下红色的合闸按钮 HA 后，观察主变保护 A 柜上的低压侧断路器合闸位置指示灯是否亮，跳闸位置指示灯是否灭。同样，按下绿色的跳闸按钮 TA 后，观察相应的断路器位置指示灯信号是否正确。

思考： （1）开关柜有"五防"装置时，怎么操作？

（2）如 QK 不在"强制手动"位置，能进行断路器的跳/合闸操作吗？

（3）断路器的位置指示灯 L1、L2 分别在上面情况下亮或灭？

原理： "远方/就地"操作是一个相对的说法。在测控屏上的操作，相对开关柜的位置来说，已是"远方"操作，但相对于主控制室后台来说，还是"就地"操作。有些厂家还把主控室后台的操作称为"遥控"，而在其他位置的操作都称为"就地"。

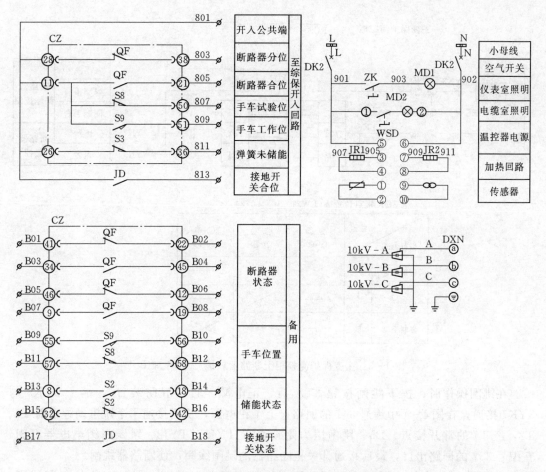

图 1-2 KYN28A-12 型开关柜跳合闸原理图二

图 1-3 为主变保护测控柜上断路器就地/遥控原理接线图。3S 为"五防装置"接口，3QK 断路器操作方式选择转换开关。3HA 为合闸按钮，3TA 为跳闸按钮。+KM 为控制电源小母线，注意，其控制开关安装在主变保护 A 柜上。

"五防装置"是变电站综合自动化五防系统中安装在微机测控屏的电气五防锁。在将五防编码锁（电脑钥匙）插入此电气锁后，若按照程序要求应该操作此断路器，则可以认为 3S 的两个接点被短接，正电源接通 3S 的①②；若程序中不应该操作此断路器，则 3S 的两个接点为开路状态，正电源被阻断在 3S 的①处。如此，即实现了"防止误操作断路器"的功能。

将 3QK 转到"强制手动"后，按下合闸按钮 3HA 后，正电源经过"五防装置"接口 3S，端子 3YK3 与 3YK9 接通，在图 1-4 中编号 321 的回路接上了正电源，再经过 D7、合闸压力闭锁接点 HYJ1、HYJ2、TBJV、HBJ，最后在编号 307 的回路出口，接通开关柜断路器的合闸线圈，使断路器合闸。

编号 321 的回路接通正电源后，同时也接通了"合后继电器"KKJ 的动作线圈，KKJ 的常开节点接通，启动重合闸等作用。

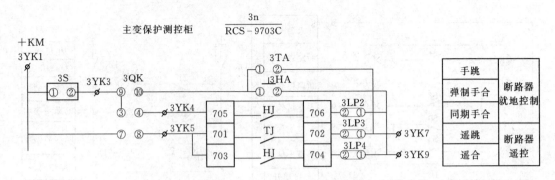

图 1-3　主变保护测控柜上断路器就地/遥控原理图

在跳闸操作时，按下跳闸按钮 3TA 后，正电源经过"五防装置"，端子 3YK3 与 3YK7 接通，在图 1-4 中编号 341 的回路接上了正电源，从而接通了手跳重动继电器 T1、T2，经 T1 的常开接点、D5、跳闸压力闭锁接点 TYJ1、TYJ2、跳跃闭锁继电器 TBJ，在编号 337 的回路出口，最后接通开关柜断路器的跳闸线圈，使断路器跳闸。

T1 的常开接点接上了正电源后，同时也接通了"合后继电器"KKJ 的复归线圈，KKJ 的常开节点断开，闭锁重合闸和复归事故总等作用。

KKJ 为"合后继电器"，该继电器有一动作线圈和复归线圈，当动作线圈加上一个"触发"动作电压后，接点闭合。此时如果线圈失电，接点也会维持原闭合状态，直至复归线圈上加上一个动作电压，接点才会返回。当然这时如果线圈失电，接点也会维持原打开状态。

三、主控室后台的遥控操作

在主控室的后台系统计算机中，用控制软件进行的控制操作。

认识： 在后台的操作电脑上，在主接线图中找到相应的断路器符号，根据开关符号的颜色不同，分清开关的运行、检修、备用等不同状态。在测控屏的下方，找出"遥控合闸"和"遥控跳闸"两个连接片（也称"压板"）。

步骤： 单击一个在运行状态的、断开的断路器进行合闸操作。按程序输入账号密码后，再确认操作。

也可选择一个在运行状态的、闭合的断路器进行跳闸操作。按程序输入账号密码后，再确认操作。

观察：（1）断路器能否正确跳、合闸？

（2）操作后，断路器符号的颜色发生怎样的变化？

（3）操作后，保护屏或测控屏相应的断路器位置指示灯是否正确地亮或灭？

思考：（1）在后台进行手动跳/合闸操作时，为何要投入"断路器遥跳/遥合"压板？

（2）在后台进行手动跳/合闸操作时，为何不要过"五防装置"？

（3）能在更远的远控中心进行遥跳、遥合操作吗？应该怎么接入相应的信号？

原理：在图1-3可以看到，进行断路器的遥跳、遥合操作，实际上是通过遥控触点HJ、TJ来把端子3YK3分别接通3YK9和3YK7。因此，3QK必须先打到"远方"的位置，其触点③和④，⑦和⑧接通，同时还要投入压板3LP3和3LP4。

端子3YK3分别接通3YK9和3YK7后，在图1-4的动作过程与前述的相同。

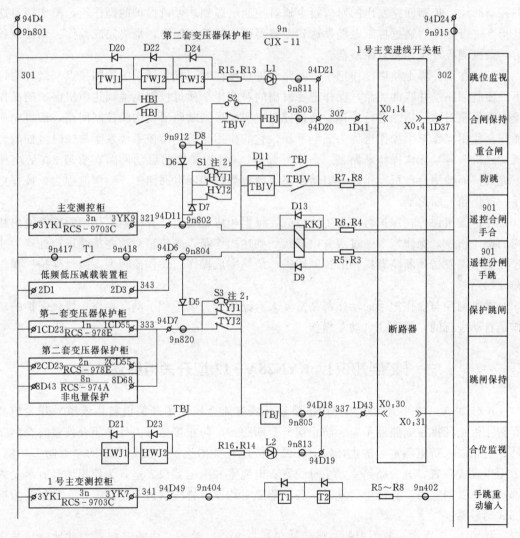

说明：S1短接，取消手合压力闭锁；S2短接，取消防跳；S3短接，取消跳闸压力闭锁。

图1-4 断路器控制回路图

但是，可以看到，利用后台系统软件遥控操作断路器是不受"五防装置"影响的，那么是否就意味着这种操作模式不安全呢？答案是否定的。微机五防系统和变电站自动化系统的软件可以实现相互配合，通过这种"软五防"的方式来保证后台系统操作顺序的正确。

在发电厂和变电站中，对断路器的跳、合闸控制是通过断路器的控制回路以及操动机构来实现的。控制回路是连接一次设备和二次设备的桥梁，通过控制回路，可以实现二次设备对一次设备的操控。通过控制回路，实现了低压设备对高压设备的控制。

对一个含断路器的设备间隔，其二次系统需要3个独立部分来完成：微机保护、微机测控、操作箱。这个系统的工作方式有以下三种：

（1）后台机上使用监控软件对断路器进行操作时，操作指令通过网络触发微机测控里的控制回路，控制回路发出的对应指令通过控制电缆到达微机保护的操作箱，操作箱对这些指令进行处理后通过控制电缆发送到断路器机构的控制回路，最终完成操作。动作流程为：微机测控—操作箱—断路器。

（2）在测控屏上使用操作把手对断路器进行操作时，操作把手的控制接点与微机测控里的控制回路是并联的关系，操作把手发出的对应指令通过控制电缆到达微机保护的操作箱，操作箱对这些指令进行处理后通过控制电缆发送到断路器机构的控制回路，最终完成操作。使用操作把手操作也称为强电手操，它的作用是防止监控系统发生故障时（如后台机"死机"等）无法操作断路器。所谓"强电"，是指操作的启动回路在直流220V电压下完成；而使用后台机操作时，启动回路在微机测控的弱电回路中。动作流程为：操作把手—操作箱—断路器。

（3）微机保护在保护对象发生故障时，根据相应电气量计算的结果作出判断并发出相应的操作指令。操作指令通过装置内部接线到达操作箱，操作箱对这些指令进行处理后通过控制电缆发送到断路器机构的控制回路，最终完成操作。动作流程为：微机保护—操作箱—断路器。

微机测控与操作把手的动作都是需要人为操作的，属于"手动"操作；微机保护的动作是自动进行的，属于"自动"操作。

【拓展知识】 KYN28A－12 型开关柜综述

KYN28A－12型开关柜为户内铠装移开式交流金属封闭开关设备。该型号开关柜具有防止带负荷推拉断路器手车、防止误分合断路器、防止接地开关处在闭合位置时合断路器、防止误入带电隔室、防止在带电时误合接地开关的连锁功能等可靠的"五防"功能，采用中置式布置，分为断路室、主母线室、电缆室和继电器仪表室，为使柜体具有承受内部故障电弧的能力，除继电器室外，各功能隔室均设有排气通道和汇压窗，一次触头为捆绑式圆触头。

如图1-5所示，开关柜的主要元件包括：真空断路器、电流互感器、就地安装的微机保护装置、操作回路附件（把手、指示灯、压板等）、各种位置辅助开关。其中，断路器与电流互感器安装在开关柜内部，微机保护、附件、电度表安装在继电器室的面板上，端子排与各种电源空气开关安装在继电器室内部,端子排通过控制电缆或专用插座与断路器机构连接。

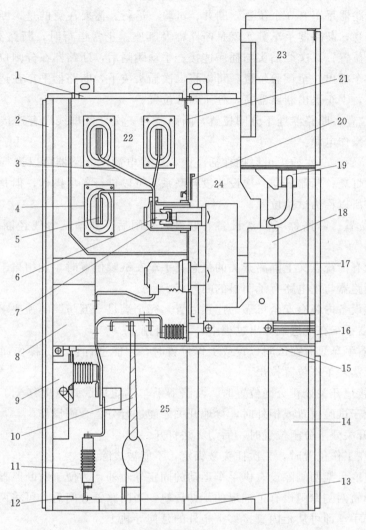

图1-5 KYN28A-12型高压开关柜结构图

1—泄压装置;2—外壳;3—分支小母线;4—母线套管;5—主母线;6—静触头装置;7—静触头盒;
8—电流互感器;9—接地开关;10—电缆;11—避雷器;12—接地主母线;13—底板;14—控制
小线槽;15—接地开关操作机构;16—可抽出式水平隔板;17—加热装置;18—断路器手车;
19—二次插头;20—隔板(活门);21—装卸式隔板;22—母线室;
23—继电器仪表室;24—断路器室手车室;25—电缆室;

(1)继电器室。继电器室的面板上安装有微机保护装置、操作把手、保护出口压板、指示灯(合位红灯、分位绿灯、储能完成黄灯);继电器室内安装有端子排、微机保护控制回路直流电源开关、微机保护工作直流电源、储能电机工作电源开关。

(2)断路器室。10kV中置柜最常用的断路器是VS1真空断路器,断路器机构内的接线通过专用插座与继电器室的端子排连接。插头的一端与断路器机构固定连接,另一端是一个专用插头，配套的插座安装在断路器室的右上方，从插座引出线接至继电器室端子排。为了弄清楚开关柜的二次回路，需要对操作过程进行一定的了解。

中置柜断路器手车有 3 个位置：断开、试验、运行。需要注意的是，断路器手车和断路器是两个概念，断路器手车其实就是断路器及其座。正常运行时，断路器在运行位置，断路器在合闸位置，二次线插头与插座连接；手动跳闸后，断路器在分闸位置；用专用摇把将断路器手车摇出，至试验位置，可以将二次插头拔下，断路器手车在运行位置时拔不下来；继续摇，手车退出断路器室，处于断开位置。

1）断开位置。断路器处于分闸位置，断路器与一次设备母线没有连接，二次插头已经拔下，失去操作电源。

2）试验位置。二次插头可以插在插座上，获得电源。断路器可以进行合闸、分闸操作，对应指示灯亮；断路器与一次设备没有联系，可以进行各项操作，但是不会对负荷侧有任何影响，所以称为试验位置。

3）运行位置。断路器与一次设备有联系，合闸后，功率从母线经断路器传至输电线路。

中置柜没有传统意义上隔离开关的概念，手车在试验位置时，就相当于传统的隔离开关断开，即断路器与主电路有了明显的断开点。

（3）开关设备内装有安全可靠的连锁装置，完全满足"五防"闭锁要求。

1）断路器手车在推进或拉出过程中，无法合闸。

2）断路器手车只有在试验位置或工作位置时，才能进行合、分操作而且在断路器合闸后，手车无法从工作位置拉出。

3）仅当接地开关处于分闸位置时，断路器手车才能从试验位置移至工作位置；仅当断路器手车处于试验位置或柜外时，接地开关才能进行分、合闸操作。

4）接地开关处于分闸位置时，后门无法打开。

5）手车在工作位置时，二次插头被锁定，不能被拔除。

断路器室底盘架两侧除设有供手车运动的固定导轨外，为便于对断路器进行观测与检查，在固定导轨两侧专门设有可抽出的延伸导轨，当断路器分闸后，可将两根延伸导轨拉至柜外，这样手车即可从柜内直接移至柜外的延伸导轨上。

（4）使用与维修。虽然 KYN28-12 型中置柜设计有保证开关柜各部分操作程序正确的连锁，但操作人员对 KYN28-12 型中置柜各部分的操作仍应严格按照操作规程和本技术文件的要求进行，不应随意操作，更不应在操作受阻时不加分析强行操作，否则容易造成设备损坏甚至引起事故。

1）无接地开关的断路器柜的操作。

a）将断路器装入柜内。断路器手车准备由柜外推入柜内前应认真检查断路器的状态是否完好，有无工具等杂物遗漏在手车上，确认无误后将手车装在转运车上并锁定，将转运车推至柜前使转运车前部的定位杆插入柜体中隔板的插孔井将转运车与柜体锁定，调整转运车升降至合适位置，然后解除手车与转运车的锁定，手车平稳地推入后锁定，当确认手车与柜体锁定后，解除转运车与柜体的锁定，将转运车推开。

b）手车在柜内的操作。手车在从转运车推入柜内后即处于断开位置，若要将手车投入运行，首先要使手车处于试验位置即应将二次插头插好，若通电则仪表面板上试验位置指示灯亮此时可对断路器进行操作试验。若要继续操作，首先必须将所有柜门关闭并确认断路器处于分闸状态（见 d)），然后打开推进机构操作孔挡板，插入操作摇把，顺时针转动摇把直至超越离合器起作用使操作轴空转，此时主回路接通，断路器手车处于工作状态（热备用状态），可通过控制回路对其进行合分操作。若要将手车从工作位置退出，首先应确认断路器已处于分闸状态（见 d)），打开推进机构操作孔挡板，插入操作摇把，逆时针转动摇把直至超越离合器起作用使操作轴空转，手车便退至试验位置，此时主回路断开，活门关闭（冷备用状态）。

c) 从柜内取出手车。若准备从柜内取出手车，首先应确认手车已处于试验位置，然后拔出二次插头并将其扣锁在手车上。将转运车推到柜前使其前部的定位杆插入柜体中隔板插孔并将转运车与柜体锁定，调整转运车升降至合适位置，解除手车与柜体的锁定，解除转运车与柜体的锁定，把转运车向后拉出后停稳。如手车需用转运车运输较长距离时，在推动转动车过程中要格外小心，以免发生意外事故。

d) 断路器在柜内的分合状态确认。断路器的分合状态可由断路器手车面板分合闸指示牌及继电器仪表室门上的分合闸指示灯两方面判定。

e) 紧急手动分闸操作。在控制回路发生故障断路器失去控制电源的情况下可将柜门打开进行紧急手动分闸，严禁在正常情况下使用手动分闸。

2) 一般隔离柜的操作。隔离手车不具备接通和断开负荷电流的能力，因此在进行隔离手车柜内操作时必须保证首先将与之相配合的断路器分闸后通过辅助触点转换解除与之配合的隔离手车上的电气连锁，只有这时才能操作隔离手车，具体操作程序与断路器手车相同。

3) 使用连锁的注意事项。本开关柜的连锁功能是以机械强制性闭锁为主，辅之以电气连锁和提示性连锁实现其功能的，能满足"五防"要求，但是操作人员不应因此而忽视操作规程。

本开关柜的连锁功能是在正常操作过程中同时实现的，不需要增加额外的操作步骤。如发现操作受阻，应首先检查是否有误操作的可能，而不应强行操作以致损坏设备甚至导致误操作事故的发生。

有些连锁因特殊需要允许紧急解锁，紧急解锁的使用必须慎重，不宜经常使用，使用时也要采取必需的防护措施，一经处理完毕应立即恢复连锁状态。

4) KYN28-12 型中置柜的检修和维护除按有关规程的要求进行外，还应注意以下几点：

a) 按所配元件的安装使用说明书的要求检查元件情况并进行必要的调整。

b) 检查手车推进机构及连锁的情况，使其满足本技术条件的要求。

c) 检查主回路触头的情况，擦除动静触头上陈旧油脂，查看触头有无损伤、弹簧力有无明显变化，有无因温度过高引起的异常氧化现象，触头有无异常情况，并进行必要的修正。

d) 检查各部分紧固件，如有松动应及时紧固。

任务二　110kV 户外断路器的就地/远方跳、合闸操作

（LW36－126 高压 SF₆ 断路器为例）

一、110kV 户外断路器的就地操作

认识： 首先认识断路器机构箱内几个与控制操作有关的重要元件，如图 1－6 所示。

1 个开关：就是"就地/远方"选择开关 ZK。

2 个指示：一个是断路器位置指示，另一个是断路器储能指示。

3 个按钮：一个红色的合闸按钮 HA，一个绿色的跳闸按钮 TA，还有一个复位按钮 FA。

4 个空气开关：一个"控制电源"空气开关 DK1，一个"储能电源"空气开关 DK2。另外两个为"加热"和"照明"空气开关 DK3、DK4，与断路器操作回路没有联系。

步骤： 以合闸为例，合上"控制电源"空气开关 DK1，和"储能电源"空气开关 DK2 后，检查有电压，断路器位置指示在"分"，断路器储能指示在"已储能"，"就地/远方"选择开关 ZK 打到"就地"位置，按下红色的合闸按钮 HA，断路器合闸。

如断路器要进行跳闸，先检查"控制电源"和"储能电源"有电压，断路器位置指示在"合"，ZK 保持在"就地"位置，按下绿色的跳闸按钮 TA，断路器跳闸。

观察： （1）断路器合闸后，听到的齿轮转动的声音，是什么部件在动作？

（2）断路器跳闸后，听到的"砰"的一声，是什么部件在动作？

（3）断路器跳、合闸后，断路器位置指示和断路器储能指示有什么变化？

思考： （1）如合上"控制电源"空气开关 DK1、"储能电源"空气开关 DK2 后，经检查没有电压，怎么办？这两个电源从哪里来的？

（2）只合上"控制电源"空气开关 DK1，能进行跳合闸操作吗？

（3）只合上"储能电源"空气开关 DK2，能进行跳合闸操作吗？

原理： 图 1－6 为 LW36－126 高压断路器机构箱原理接线图。先看合闸回路。LW36－126 高压断路器为弹簧操作机构箱，所以合闸前弹簧必须"已储能"。

（1）合闸。合上 DK1，ZK 转到"就地"位置时 3 和 4 通，按下 HA，正、负控制电源经 FTJ（防跳接点）、ZC（储能电机控制接触器接点）、ZJ（储能电机保护继电器接点）、DL1（断路器辅助常开触点）、DBJ（SF₆ 低气压闭锁继电器接点）接通了合闸线圈 HQ，由于合闸弹簧"已储能"，故断路器能立即合闸。

断路器合闸瞬间，分闸弹簧同时被压缩储能。此时，由于合闸弹簧释放了能量而伸长，触动了微动开关 CK 闭合，使得储能电机控制接触器 ZC 通电动作，其常开触点接通了储能电机，储能电机转动，使合闸弹簧储能。

当合闸弹簧被压缩到位，表示"已储能"。此时微动开关 CK 断开，ZC 失电，其常开触点返回，切断了储能电机回路，电机停转。

（2）跳闸。按下 TA，正、负控制电源经 DL1（断路器辅助常闭触点）、DBJ（SF₆ 低气压闭锁继电器接点）接通了跳闸线圈 TQ，由于分闸弹簧在断路器合闸时已被压缩储

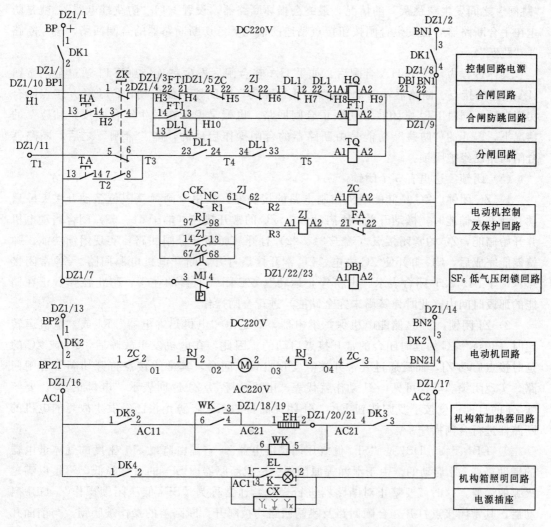

图 1-6 LW36-126 高压断路器机构箱原理接线图

能，故断路器能立即跳闸。

（3）复位。按钮 FA 对储能电机控制电路进行复归操作。

在断路器二次回路检修或调试时，有可能只给了控制电源，而储能电源还没给上，就操作断路器跳合闸。在合闸弹簧释放后需重新储能时，即在储能电机控制接触器 ZC 启动后，此时电机因无储能电源而无法启动。也可能电机本身出现了故障而不能启动。出现这些情况 30s 后，ZC 延时闭合的常开触点闭合，接通了储能电机保护继电器 ZJ，ZJ 的常闭触点断开，切断了储能电机控制电路，同时 ZJ 自锁，保证了电机不会因储能电源恢复而突然启动。

当重新给上储能电源后，需解除 ZJ 自锁回路，以恢复储能电机正常工作。因此，设置了复位按钮 FA，来解除 ZJ 自锁回路。

（4）防跳。假设手合断路器于故障线路且出现合闸按钮接点粘连的情况下，由于"线路保护装置动作跳闸"与"合闸按钮接点粘连"同时发生，会造成断路器在"合闸"与

"跳闸"之间发生"跳跃"的情况，最终会损坏断路器。设置 FTJ"防跳继电器"，就是防止在手合断路器后且发生合闸按钮接点粘连的情况下，切断断路器的合闸回路，避免断路器"跳跃"。

具体过程为，按下 HA 合闸后，如果 HA 在合闸后发生粘连，则 FTJ 通过合闸按钮 HA 粘连的接点、断路器辅助常开接点 DL1 和 BJD 常闭接点而启动，FTJ 常开接点闭合实现自锁，同时 FTJ 常闭接点切断了合闸回路。也就是说，在发生"合闸按钮粘连"的情况下，FTJ 的"防跳"功能是由断路器的合闸操作启动的，即"合闸"之后，断路器合闸回路已经被闭锁。

（5）闭锁。这里有 3 个闭锁。

1）ZC 闭锁。ZC 是储能电机控制电路的接触器，它由合闸弹簧限位微动开关 CK 启动。弹簧未储能时，微动开关 CK 启动 ZC，ZC 的常开接点（端子 61、62）闭合启动电机并开始储能，ZC 的常闭接点（端子 21、22）打开从而断开合闸回路，实现闭锁功能。弹簧储能完成后，CK 打开使 ZC 失电，ZC 常开接点打开，断开电机电源回路。ZC 常闭接点（端子 21、22）闭合表示"电机停止运转"。ZC 闭锁的目的在于，防止在弹簧正在储能的那段时间内（此时弹簧尚未完全储能）进行合闸操作。

2）ZJ 闭锁。ZJ 是储能电机保护继电器，它是由"电机热继电器"RJ 或"电机运转超时（30s）"ZC 的延时闭合的常开接点启动的。因此，在电机发生故障后，RJ 或 ZC 的延时接点启动 ZJ，而后通过其常开接点实现自锁，同时，其常闭接点打开切断了合闸回路，实现闭锁功能。可见，ZJ 动作就代表"电机故障"，ZJ 返回表示"电机正常"。要解除 ZJ 的自锁，就按下复归按钮 FA。ZJ 闭锁的目的在于，防止将已经发生故障的电机的断路器进行合闸操作。

3）DBJ 闭锁。DBJ 是"SF_6 低气压闭锁继电器"，它是由监视 SF_6 密度的气体继电器的辅助接点 MJ 启动的。由于泄漏等原因都会造成断路器内 SF_6 的密度降低，不足以满足灭弧的需要，这时就要禁止对断路器进行操作，通常称为"SF_6 低压闭锁操作"。DBJ 启动后，其常闭接点打开，合闸回路及跳闸回路均被断开，断路器的操作被闭锁。与前面几对闭锁接点不同的是，DBJ 串入的不仅仅是合闸回路，从图 1-6 中可以看出，这对接点闭锁的是"合闸"及"跳闸"两个回路，所以它的意义是"闭锁操作"。DBJ 闭锁的目的在于，防止在 SF_6 密度降至过低，不足以安全灭弧的情况下进行跳合闸操作，造成断路器损毁。

二、测控装置（柜）的远方操作（以 RCS-941A 保护装置和 RCS-9705C 测控装置为例）

认识：在主变测控柜的测控装置 RCS-9703C 旁，找到切换开关 QK，有"强制手动"、"远控"和"同期手合"三个位置。各位置意义如下：

QK"强制手动"是指在测控柜上就地进行断路器的跳、合闸操作。

QK"远控"是指在主控室后台机上进行断路器的跳、合闸操作。

QK"同期手合"是指在满足同期条件后，在测控柜上就地进行断路器的合闸操作。

还有红色的合闸按钮 HA，绿色的跳闸按钮 TA。2S 为"五防装置"接口。

步骤： 首先把 110kV 断路器机构箱内的"就地/远方"控制开关 ZK 打到"远方"位置。给上控制电源和储能电源，再把 QK 打到"强制手动"位置，用"五防"编码锁接通 2S，然后按下跳、合闸按钮进行断路器远方的跳、合闸操作。

观察： 按下红色的合闸按钮 HA 后，观察线路保护装置 RCS-941A 上的断路器合闸位置指示灯是否亮，跳闸位置指示灯是否灭。同样，按下绿色的跳闸按钮 TA 后，观察相应的断路器位置指示灯信号是否正确。

思考： （1）还记得"五防装置"的作用吗，怎么操作？

（2）断路器机构箱内控制开关 ZK 是否在"远方"位置，能判断吗？

（3）断路器的位置指示灯 L1、L2 分别在上面情况下亮或灭？

原理： "远方/就地"操作是一个相对的说法。在测控屏上的操作，相对于开关柜的位置来说，已是"远方"操作，但相对于主控制室后台来说，还是"就地"操作。有些厂家还把主控室后台的操作称为"遥控"，而在其他位置的操作都称为"就地"。

图 1-7 为断路器就地/遥控原理接线图。2S 为"五防装置"接口，2QK 为断路器操作方式选择转换开关。2HA 为合闸按钮，2TA 为跳闸按钮。+KM 为控制电源小母线。

从图 1-7 可看出，在测控柜上"就地"操作断路器的跳、合闸，实际上就是按下跳合闸按钮，让正电源端子 2YK1 分别与 2YK7 和 2YK9 接通。

在图 1-8 中，当 2YK9 接通了 2YK1 后，正电源经 D3、HYJ1、HYJ2，再经 TBJV、HBJ，最后在回路编号 07 的端子 1D49 出口到断路器机构箱的合闸回路。在这里断路器机构箱已是简化画法，实际上，就是端子 1D49 通过电缆与图 1-6 中回路编号为 H1 的端子 DZ1/10 相接通，从而接通了合闸线圈 HQ，断路器合闸。

同样的，在跳闸时，当 2YK7 接通了 2YK1 后，手跳继电器 1STJ 通电，正电源经 1STJ 常开接点、D1、TYJ1、TYJ2，再经 TBJ，最后在回路编号 37 的端子 1D46 出口到断路器机构箱的跳闸回路。在这里断路器机构箱同样是简化画法，实际上，就是端子 1D46 通过电缆与图 1-6 中回路编号为 T1 的端子 DZ1/11 相接通，从而接通了跳闸线圈 TQ，断路器跳闸。

图 1-8 为 RCS-941A 的操作回路，主要由合闸回路、跳闸回路、"防跳"回路、断路器操作闭锁回路、断路器位置监视回路等组成。可以看出，防跳回路与闭锁回路贯穿于合闸、跳闸回路之中，这也是它们发挥作用的必然要求。

需要说明的是，在保护测控柜上进行跳、合闸操作，还有另外一种形式，就是只用了一个 QK 开关，取代了图 1-7 中的 QK 和 HA、TA 的功能，如图 1-9 所示。

在保护测控柜上进行跳、合闸操作，不管哪种形式，都设置了手动开关，称为"强制手动"切换开关 QK。"强电手动"的目的，是在综合自动化变电站中，为了防止后台系统、远动装置等弱电操作系统发生故障，造成无法对断路器进行操作而保留的"强电（直流 220V）手动操作方式"，可以保证对断路器进行控制。QK 是一个独立元件，一般和微机测控装置安装在一面屏上，用于实现对断路器的操作。

断路器控制回路的主要功能如下：

（1）压力闭锁。HYJ、TYJ 是"合闸压力继电器"、"跳闸压力继电器"，是用来监测采用液压（或气动）机构的断路器的操作动力（即压力）是否满足断路器合闸、跳闸的要

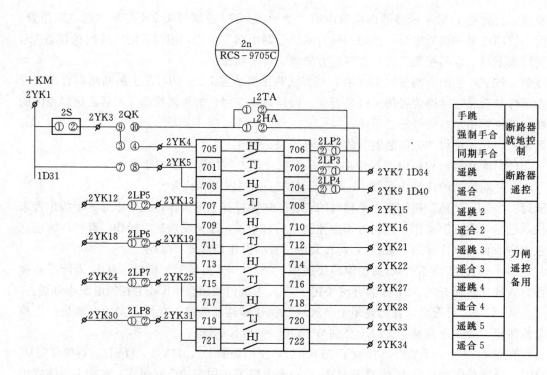

图 1-7　断路器就地/遥控原理接线图（一）

求。从操作箱中的回路来看，它可以反映一切应该禁止断路器跳、合闸的情况，而且液压及气动机构逐渐退出运行，所以在这里将 HYJ 及 TYJ 合称为"禁止合闸"继电器。一般情况下，断路器本身带有完善的闭锁功能，如图 1-6 中，将代表"SF_6 低闭锁操作"的常闭接点 BDJ 串联接入机构箱的操作回路，起到了闭锁合闸及跳闸的功能。所以，一般不再将闭锁接点引至操作箱启动 HYJ 以及 TYJ 进行重复闭锁。也就是说，操作箱中 HYJ 和 TYJ 的常闭接点始终都是闭合的，其作用相当于导线。

（2）防跳回路的配合。保护装置中"防跳"作用，与断路器机构箱中的"防跳"作用重复，甚至发生冲突，保留一套即可。两套"防跳"回路同时运行时，会出现各种配合问题，这里的现象是："断路器在合闸后启动了机构防跳回路并自锁，在断路器跳闸后，不能合闸"。这是由于断路器合闸后，其辅助常开触点 DL1（图 1-6 端子 13、14）通过图 1-8 的"跳位监视"回路启动了 FTJ 并自锁，使得机构箱内的合闸回路被切断而不能合闸。根据断路器和保护装置厂家的不同，还会出现"断路器在合闸状态，TWJ 不动作而

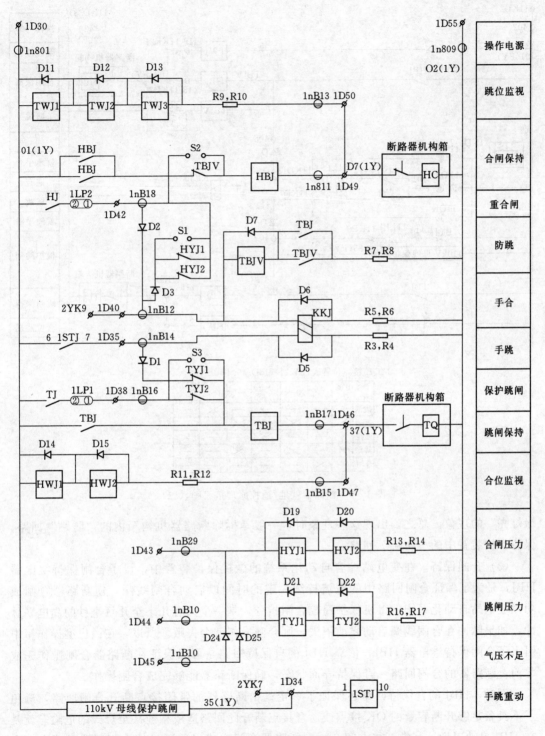

图 1 - 8 RCS - 941A 断路器控制回路原理图

注：S1 短接，取消手合压力闭锁；S2 短接，取消防跳；S3 短接，取消跳闸压力闭锁。

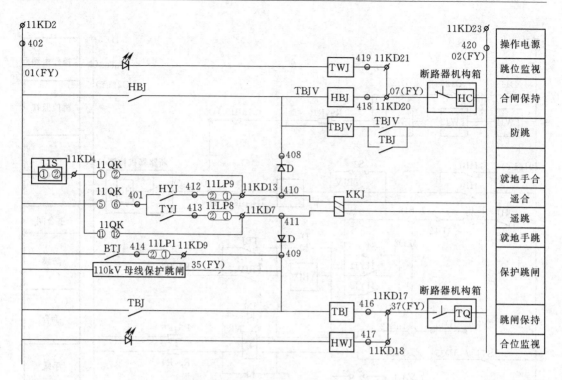

图 1-9　断路器就地/遥控原理接线图（二）

绿灯亮"的现象。总之，出现这些现象时，一般是拆除断路器机构箱内的"防跳"回路，保留保护装置中的"防跳"回路。

（3）合闸保持。在变电站综合自动化系统的微机保护装置中，设了合闸保持继电器HBJ，是为了保证合闸回路中的电流持续一定的时间以启动合闸线圈，使断路器合闸成功。变电站自动化系统的微机保护遥控合闸指令，是一个只有几十至几百毫秒的高电平脉冲，如果脉冲在合闸线圈启动之前消失，则合闸操作就会失败。所以，在微机型操作箱中引入了合闸保持继电器HBJ，依靠HBJ的自保持回路，可以保证在断路器合闸操作完成之前，断路器的合闸回路一直保持导通状态，确保断路器能够完成合闸操作。

同时，HBJ的自保持回路还保证了一定是由断路器的常闭接点断开合闸回路，避免了不具备足够开断容量的QK接点或遥合接点断开此回路造成粘连甚至烧毁的危险。就是在HBJ启动以后，其常开接点闭合，在断路器合闸完成以前通过使合闸回路导通实现自保持。此时，QK的合闸接点或遥合接点断开都不会起到分断合闸电流的作用，只有在断路器合闸成功后，断路器常闭接点DL1打开才会切断合闸回路的电流。

（4）自动合闸。自动合闸包括重合闸和自动装置合闸，重合闸是最常见的一种。从图1-8中可以看出，重合闸回路是由重合闸继电器 HJ 的常开接点启动的，而 HJ 是由微机继电保护装置中 CPU 驱动的。从图1-8中还可以看出，重合闸不受"合闸压力"继电器 HYJ 的限制。

（5）自动跳闸。是由保护跳闸继电器 TJ 的常开接点启动的，而 TJ 是由微机继电保护装置中 CPU 驱动的。在这里，"防跳"继电器 TBJ 常开接点的另一个重要作用就是：防止在自动跳闸时，保护出口继电器 TJ 常开接点先于断路器常开接点断开时，起到切断跳闸电流的作用。保护跳闸受"跳闸压力"继电器 TYJ 的限制。

外部跳闸和自动装置跳闸指的是由操作箱配套的微机保护之外的其他微机保护或自动装置发出的跳闸命令，例如母线差动保护动作、低周解列动作、备自投动作等。自动跳闸包括本体保护跳闸、外部跳闸和自动装置跳闸。"本体保护"指的"操作"这个操作箱的微机保护装置。微机操作箱是和微机保护装置配套使用的，微机保护负责对采集到的数据进行运算分析，确定是否要对断路器进行操作，操作箱则仅仅负责执行微机保护发出的对断路器的操作指令。所以，操作箱一个主要的功能就是执行其服务的微机保护的"跳闸"命令。

（6）合后继电器。KKJ 是合后继电器，通过 D1、D2 两个二极管的单相导通性能来保证只有手动合闸才能让其动作，手动跳闸才能让其复归，KKJ 是磁保持继电器，动作后不自动返回，KKJ 又称手合继电器，其接点可以用于"备自投"、"重合闸"、"不对应"等。

（7）位置继电器。HWJ 是合闸位置继电器，TWJ 是跳闸位置继电器。HWJ、TWJ 的作用有两个：一是显示当前开关位置，二是监视跳、合线圈。例如，在运行时，只有 TQ 完好，TWJ 才动作。

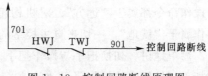

图 1-10 控制回路断线原理图

操作回路最重要的也是最常见的故障信号是"控制回路断线"，控制回路断线原理如图1-10所示。

当 HWJ 与 TWJ 都不动作时，发出"控制回路断线"故障显示，现象是开关位置信号消失，位置指示灯熄灭，光字牌或者后台机发信号，保护报"THWJ"信号等。控制回路断线故障原因一般有：①控制回路空气开关跳开；②开关断开状态下未储能；③气压低机构内部气压接点断开操作回路；④跳、合线圈有烧坏；⑤断路器辅助接点接触不良；⑥电缆芯跳闸回路37或7(7')接线不稳固；⑦TWJ 或 HWJ 线圈被烧坏等。

三、主控室后台的遥控操作

认识：在后台的操作电脑上，在主接线图中找到相应的断路器符号，要根据开关符号的颜色不同，分清开关的运行、检修、备用的不同状态。在保护测控屏的下方，找出"遥控合闸"和"遥控跳闸"两个连接片（也称"压板"）。

步骤：点击一条在运行状态的、断开的断路器进行合闸操作。按程序输入账号密码后，再确认操作。

也可选择一个在运行状态的、闭合的断路器进行跳闸操作。按程序输入账号密码后，再确认操作。

观察：（1）断路器能否正确跳、合闸？

（2）操作后，断路器符号的颜色发生怎样的变化？

（3）操作后，保护屏或测控屏相应的断路器位置指示灯是否正确地亮或灭？

思考：（1）在后台进行手动跳/合闸操作时，为何要投入"断路器遥跳/遥合"压板？

（2）在后台进行手动跳/合闸操作时，"五防装置"还起作用吗？还有"五防"吗？

（3）能在更远的远控中心进行遥跳、遥合操作吗？应该怎么接入相应的信号？

原理：在图 1-7 可以看到，进行断路器的遥跳、遥合操作，实际上是通过遥控触点 HJ、TJ 来把端子 2YK3 分别接通 2YK9 和 2YK7。因此，2QK 必须先打到"远方"的位置，其触点③和④，⑦和⑧接通，同时还要投入压板 2LP3 和 2LP4。

端子 2YK3 分别接通 2YK9 和 2YK7 后，在图 1-8 的动作过程与前述的相同。

110kV 户外断路器的就地/远方跳、合闸操作总结如下。

1. 就地/远方跳、合闸操作

按照操作地点的不同分为远方操作和就地操作。就地操作必然是手动操作，远方操作有可能是手动操作，也可能是自动操作。"就地"是一个相对的概念，它的基准点在"远方/就地"切换把手所安装的位置。在 110kV 断路器的操作回路中，一般有两个切换把手分别安装在微机测控屏和断路器机构箱。对微机测控屏的切换把手 QK 而言，使用微机测控屏上的操作把手 QK 进行操作属于"就地"，来自综自后台或集控站通过远动系统传来的操作命令都属于"远方"；对机构箱的切换把手 ZK 而言，在机构箱使用操作按钮进行操作属于"就地"，一切来自主控室的操作命令都属于"远方"。

简单地讲，切换把手与操作把手（按钮）必然是结合使用的，某个切换把手配套的操作把手（按钮）的操作属于"就地"，其余的操作类型都属于"远方"。例如，使用 QK 进行操作时，对 QK 属于"就地"，对 ZK 则属于"远方"。

2. 断路器的合闸操作

断路器的合闸操作分为手动合闸和自动合闸两种。手动合闸包括：利用综自后台（或在集控站利用远动系统）合闸、在微机测控屏合闸、在断路器机构箱合闸；自动合闸包括重合闸、自动装置（备自投装置等自动装置动作）合闸。

3. 断路器的跳闸操作

断路器的控制回路主要包括断路器的跳、合闸操作以及相关闭锁回路。一个完整的断路器控制回路由微机测控、操作把手、切换把手、操作箱和断路器机构箱组成。按照操作命令的来源不同，断路器的操作分为手动操作和自动操作（这两种类别对备自投断路器的跳闸操作分为手动跳闸和自动跳闸两种）。手动跳闸包括：利用综自后台（或在集控站利用远动系统）跳闸、在微机测控屏跳闸、在断路器机构箱跳闸；自动跳闸包括：自身保护（与该操作箱配套的微机保护动作）跳闸、外部保护（母线保护等保护装置动作）跳闸、自动装置动作（备自投装置、低周减载等装置动作）跳闸、偷跳（由于某种原因断路器自己跳闸）。

4. 断路器操作的闭锁回路

根据断路器电压等级和工作介质的不同也有不同，但是总体上也可以分为两类：操作动力闭锁和工作介质闭锁。操作动力闭锁指的是断路器操作所需动能的来源发生异常，禁止断路器进行操作，例如，弹簧机构断路器的"弹簧未储能，禁止合闸"，液压机构的"压力低，禁止合闸"等。工作介质闭锁指的是断路器操作所需绝缘介质浓度异常，为避免发生危险而禁止断路器操作，例如，SF_6 断路器的"SF_6 压力降低，禁止操作"等。

【拓展知识】 变电站综合自动化控制系统的原理

一、变电站综合自动化控制的系统

从图 1-12 可以看出，断路器的控制操作有下列几种情况：

（1）主控制室远方操作。通过控制屏操作把手将操作命令传递到保护屏操作插件，再由保护屏操作插件传递到开关机构箱，驱动跳、合闸线圈。

（2）就地操作。通过机构箱上的操作按钮进行就地操作。

（3）遥控操作。调度端发遥控命令，通过通信设备、远动设备将操作信号传递至变电站远动通信屏，远动通信屏将操作信号传递到保护屏，实现断路器的操作。

（4）开关本身保护设备、重合闸设备动作，发送跳、合闸命令至操作插件，引起开关进行跳、合闸操作。

（5）母线差动、低周减载等其他保护设备及自动装置动作，引起断路器跳闸。

可以看出，前三项为人为操作，后两项为自动操作，因此断路器的操作据此可分为人为操作和自动操作。

根据操作时相对断路器距离的远近，也可分为就地操作、远方操作、遥控操作。

就地通过断路器机构箱本身操作按钮进行的操作，为就地操作。有些断路器的保护设备装在开关柜上，相应的操作回路也在就地，这样通过保护设备上操作回路进行的操作也是就地操作。

远方操作，一般是在主控室内通过后台机进行。操作命令传达到测控装置，启动测控装置跳、合闸继电器，跳、合闸信号传递到保护装置操作插件，启动操作插件手跳、手合继电器，手跳、手合继电器触点接通跳、合闸回路，启动断路器跳、合闸。当后台机系统故障或其他原因不能操作时，可以在测控屏进行操作。

遥控操作由调度端（或集控站端）发送操作命令，经通信设备至站内远动通信屏，远动通信屏将命令转发至站内保护通信屏，然后保护通信屏将命令传输至测控屏，逐级向下传输。需要指出的是，有些老站遥控命令是通过后台机进行传输的，如图 1-11 中虚线框所示，但由于后台机系统故障时，将不能进行遥控操作。现在新建设的站，遥控通道不再经后台机，提高了遥控操作可靠性。

二、常规断路器控制回路原理

为了更好地理解变电站综合自动化系统的断路器控制操作回路，先从最简单的电磁型断路器控制回路原理图（图1-12）讲起。

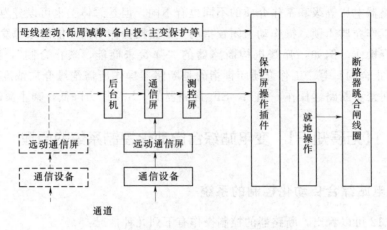

图1-11 断路器控制信号的传输过程逻辑图

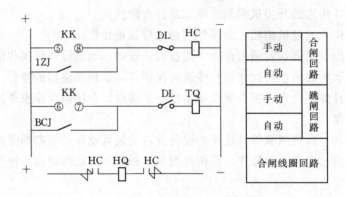

图1-12 电磁型断路器控制回路原理图

（1）合闸回路。断路器合闸回路由以下几部分组成：合闸启动回路→断路器辅助接点（常闭）→合闸线圈。

手动合闸或自动合闸时，合闸启动回路瞬时接通，合闸线圈励磁，启动断路器操动机构，开关合上后，串于合闸回路的断路器常闭接点打开，断开合闸回路。

（2）跳闸回路。断路器跳闸回路由以下几部分组成：跳闸启动回路→断路器辅助接点（常开）→跳闸线圈。

手动跳闸或自动跳闸时，跳闸启动回路瞬时接通，跳闸线圈励磁，启动断路器操动机构，开关跳开后，串于跳闸回路的断路器常开接点打开，断开跳闸回路。

（3）断路器辅助接点的作用。在操作回路中串入断路器辅助接点的作用：一是跳闸线圈与合闸线圈厂家是按短时通电设计的，在跳、合闸操作完成后，通过DL触点自动地将操作回路切断，以保证跳、合闸线圈的安全。二是跳、合闸启动回路的触点（操作把手触点、继电器触点）由于受自身断开容量限制，不能很好地切断操作回路的电流，如果由它们断开操作电流，将会在操作过程中拉弧，致使触点烧毁。断路器辅助接点断开容量大，由断路器辅助接点断开操作电流，可以很好地灭弧，保护控制开关及继电器接点不被烧毁。

（4）断路器防跳回路。在操作过程中，有时由于控制开关或自动装置触点原因，在断路器合闸后，上述启动回路触点未断开，合闸命令一直存在，此时，如果继电保护动作，开关跳闸，但由于合闸脉冲一直存在，则会在开关跳闸后重新合闸，如果线路故障为永久性故障，保护将再次使开关跳开，持续存在的合闸脉冲将会使开关再次合闸，如此将会发生多次的"跳—合"现象，这种现象被称为"跳跃"。断路器的多次跳跃，会使断路器毁坏，造成事

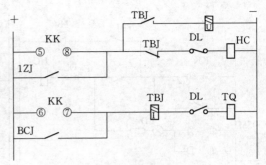

图 1-13 增加防跳回路的断路器
控制回路原理图

故扩大。因此，必须对操作回路进行改进，防止"跳跃"发生。防跳继电器就是专门用于防止断路器跳跃的。在操作回路中增加防跳回路后示意图如图 1-13 所示。

与图 1-12 相比，图 1-13 增加了中间继电器 TBJ，称为跳跃闭锁继电器。它有两个线圈，一个是电流启动线圈，串联于跳闸回路中，这个线圈的额定电流应根据跳闸线圈的动作电流选取，并要求其灵敏度高于跳闸线圈的灵敏度，以保证在跳闸操作时它能可靠地启动；另一个是电压自保持线圈，经过自身的常开触点并联于合闸线圈回路中。在合闸回路中还串联接入了一个 TBJ 的常闭触点。

工作原理如下：当利用控制开关合闸或自动装置合闸以后，若合闸接点未断开，当线路发生故障时，保护出口 BCJ（保护出口继电器）闭合，将跳闸回路接通，使断路器跳闸，同时跳闸电流也流过防跳继电器 TBJ 的电流启动线圈，使 TBJ 启动，其常闭触点断开合闸回路，常开触点接通 TBJ 电压线圈，此时如果合闸脉冲未解除（控制开关未复归或自动装置触点 1ZJ 卡住等），则 TBJ 的电压线圈通过 KK 的⑤-⑧触点或 1ZJ 的触点实现自保持，长期断开合闸回路，使断路器不能再次合闸。只有合闸脉冲解除，TBJ 的电压自保持线圈断电后，才能恢复至正常状态。防跳继电器在保护屏操作插件内。

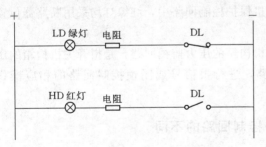

图 1-14 断路器电磁型控制回路的
红绿灯监视回路原理图

（5）断路器位置监视回路。图 1-14 是电磁型控制回路的红绿灯监视回路原理图。断路器灯光监视回路，一般用红灯表示断路器的合闸状态，用绿灯表示断路器的跳闸状态，指示灯是利用与断路器传动轴一起联动的辅助触点 DL 来进行切换的。当断路器在断开位置时，DL 的常闭触点接通，绿灯亮；当断路器在合闸位置时，DL 的常开触点接通，红灯亮。红、绿灯一方面监视断路器的位置，另一方面监视控制回路的完好性，断路器处于分位时，绿灯亮，表示外部合闸回路完好，断路器处于合位时，红灯亮，表示外部跳闸回路完好。

图 1-15 是完整的直接用跳、合闸回路启动红绿灯的控制回路图。

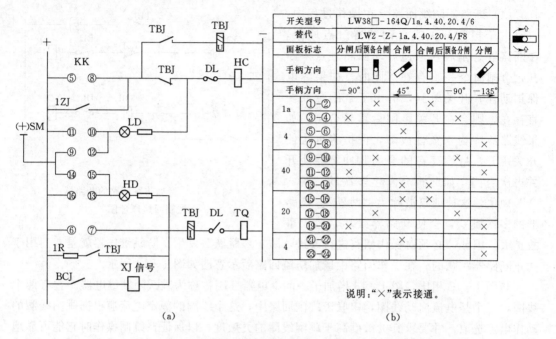

图 1-15　直接用跳、合闸回路启动红绿灯的控制回路图
（a）具有防跳功能和红绿灯指示的断路器控制回路图；（b）KK 开关接点通断图

断路器位置继电器监视回路，断路器位置可以用红、绿灯监视，也可以用位置继电器监视，在合闸回路中用跳闸位置继电器 TWJ 代替了绿色信号灯 LD，在跳闸回路中用合闸位置继电器 HWJ 代替了红色信号灯 HD。正常情况下只有一个继电器通电，当断路器在合闸位置时，合闸位置继电器 HWJ 通电；当断路器在跳闸位置时，跳闸位置继电器 TWJ 通电。当控制回路断线时，TWJ 和 HWJ 同时断电，利用两个相串联的常闭触点 TWJ 和 HWJ 报"控制回路断线"信号。

图 1-16 中用位置继电器代替了上述控制回路中的红绿灯，同时用位置继电器的接点点亮红绿灯。在变电站综合自动化系统的微机保护控制回路中，红绿灯均采用断路器位置继电器接点点亮。

（6）开关机构压力监视回路。所谓开关机构箱的压力监视回路，是指开关机构箱的压力异常时，应能发出信号到断路器控制回路，进行报信号或闭锁控制回路的相应操作功能。

三、微机保护控制回路与常规保护控制回路的不同

（1）跳合闸启动回路不同。与常规控制回路相比，微机保护控制回路在进行手跳、手合时，要启动手跳、手合继电器，手跳、手合继电器通过自保持回路启动跳、合闸回路。而常规保护控制回路只在分相操作回路中有手跳、手合继电器及其自保持回路。常规三相操作回路中，手跳、手合直接由控制开关触点启动断路器线圈。

（2）红绿灯启动回路不同。常规保护控制回路中，红绿灯直接由断路器辅助触点启

动；微机保护控制回路中，红绿灯分别由合闸位置继电器和跳闸位置继电器启动。

（3）微机保护控制回路中均有自保持功能。跳、合闸保持回路，微机保护中，不论自动操作（保护跳闸，重合闸动作）或人为操作，均有自保持回路；而常规三相操作回路中，只有自动操作经过自保持回路，人为操作不经自保持回路。

四、控制回路应实现的功能

通过以上分析，控制回路应具备以下功能：

（1）应能进行手动跳、合闸和由继电保护与自动装置实现自动跳、合闸。当跳、合闸操作完成后，断路器辅助接点应能自动切断跳、合闸脉冲电流。

（2）应具备防止断路器跳跃功能。此功能由防跳继电器实现。

（3）应能指示断路器的合闸与跳闸位置状态。此功能由跳闸位置继电器、合闸位置继电器接通红绿灯实现。

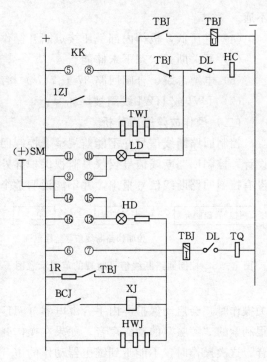

图 1-16 用位置继电器代替红绿灯监视的断路器控制回路图

（4）自动跳闸或合闸应有明显的信号。保护屏操作箱上，跳、合闸回路中串有信号继电器，用于指示保护动作、重合闸动作。

（5）应能监视熔断器的工作状态及跳、合闸回路的完整性。此功能由跳闸位置继电器、合闸位置继电器接通红绿灯实现。

（6）开关压力异常时，应能报信号或者闭锁操作回路。保护屏操作箱中有开关压力监视继电器，实现闭锁操作功能。

五、控制回路故障分析

（一）控制回路断线原因分析

首先要明白控制回路断线信号是怎样报出来的，控制回路断线信号是由跳闸位置继电器与合闸位置继电器常闭触点串联构成的，如图 1-17 所示，不论什么原因引起跳闸位置继电器与合闸位置继电器同时失磁，控制回路断线信号都将报出。

引起控制回路断线信号的原因如下：

（1）控制回路空气开关跳开，TWJ、HWJ触点同时失磁，控制回路断线信号报出。

（2）跳、合闸线圈损坏，回路不通。

（3）断路器辅助接点接触不良，引起外回路

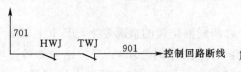

图 1-17 控制回路断线信号

不通。

（4）气压低，机构内部气压接点断开操作回路。

（5）开关断开状态下未储能。

（6）电缆芯跳、合闸回路 37 或 7(7′) 接线接触不良。

（7）TWJ 或 HWJ 线圈被烧坏等。

（二）操作故障原因分析

控制回路断线信号并不能监视整个控制回路的完好性，在目前的情况下，基于厂家的设计，控制回路断线信号仅仅是监视保护屏外二次回路及开关机构箱内部回路的完好性。没有控制回路断线信号报出，并不能说明整个回路没有问题。

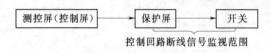

图 1-18　控制回路断线信号监视的范围示意图

在没有异常信号的情况下，从控制屏合闸，控制信号要经过如图 1-19 所示途径，有时开关合不上，就说明回路有问题，或者开关有问题，可以根据经验逐级排查，运行人员在控制屏（测控屏、后台机等）进行开关操作时，会启动保护屏内手合继电器（SHJ）、手跳继电器（STJ），继电器动作时会有很利索的"嚓嚓"的动作声音，如果在操作开关时，平常能在保护屏听到继电器动作的声音，这次操作时，不能听到继电器动作的声音，则说明保护屏内操作继电器没有启动，可能是控制开关有问题；进行后台机操作时，也可能是测控屏内控制跳、合闸的继电器没有启动；或者二次回路接线有松动；也有可能是保护屏内操作继电器故障。不管什么原因，只要在保护屏内操作继电器不启动，控制保险正常，没有异常闭锁信号，排除自身操作问题的情况下，可以通知保护人员到现场进行处理。

在以上操作过程中，如果操作箱内继电器能够启动，开关仍然不能合闸，就要到开关本体进行观察，一人在主控室操作，另一人听开关合闸线圈的动作声音，如果平时能够听到开关合闸线圈的动作声音，这次听不到，则表明开关合闸线圈没有启动。如果当班运行人员对回路比较熟悉，一人操作，另一人可以用万用表判断合闸脉冲是否到达开关端子箱，开关合闸脉冲在合闸时过不来，说明问题仍然在二次设备、二次回路。如果有合闸脉冲，则说明合闸线圈拒动，需要通知检修人员到现场进行处理。如果合闸时，合闸线圈能够进行正常启动，机构不动，运行人员要检查开关是否已储能（弹簧机构）；开关大合闸保险（电磁机构）是否完好；操作程序是否正确，有无相互关联的机械闭锁；开关的各种压力指标是否正常，有无闭锁信号，排查没有发现异常问题后，可以通知检修人员检查机构。

以上是进行开关操作时遇到的一些情况，根本点就是要判断保护屏操作箱继电器是否启动，开关跳、合闸线圈是否启动，据此来判断问题该由哪个专业来处理。

（三）开关跳、合闸线圈烧毁原因分析

在对高压开关的操作过程中，每年都有跳、合闸线圈烧毁的情况发生，其中主要集中在 10kV 开关，尤其集中在合闸过程中。由于经济技术的原因，10kV 开关结构简单，可靠性相对于高电压等级开关来说比较低，开关自身的自我保护措施不完备，这就是 10kV 开关故障比较多的原因，另外，出于保证设备故障时可靠跳闸的需要，开关跳闸的可靠性比较高，因此，线圈烧毁主要集中在合闸线圈。

1. 引起线圈烧毁的原因

引起开关合闸线圈烧毁的原因既有间接原因，也有直接原因。

（1）间接原因。目前的微机保护控制回路全部带有跳、合闸自保持回路，不论是手动操作，还是自动操作。只要合闸命令发出以后，合闸回路就一直处于自保持状态，直至开关合上，依靠断路器辅助接点的切换，断开合闸回路合闸电流。如果由于种种原因开关没有合上，或者是合上以后断路器辅助接点没有切换到位，则合闸保持回路将一直处于保持状态，这样一直持续下去，将会烧毁合闸线圈，对于电磁机构，将会同时烧毁合闸接触器线圈与大合闸线圈，有时甚至会烧毁保护装置操作插件。

（2）直接原因。

1）断路器辅助接点切换不到位。开关合上以后，断路器辅助接点切换不到位，没有及时断开合闸回路，致使合闸保持回路一直处于保持状态，引起严重后果。

2）开关在没有合闸能量情况下合闸。

a）对于弹簧机构，开关在未储能情况下合闸，特别是无人值守站的遥控操作，如果未储能信号不能及时传到远方，将会使操作人员误操作，造成合闸线圈烧毁，甚至烧毁保护装置操作插件。

b）对于电磁机构，合闸能量为通过大合闸保险的 100A 电流，现有传统的二次回路设计上没有监视回路，如果在合闸过程中，大合闸保险熔断，或是运行人员误操作，漏投大合闸保险，将会烧毁合闸接触器线圈，严重的同样烧毁保护装置操作插件。在大合闸保险正常的情况下，若合闸接触器线圈故障，动作力度不够，同样烧毁接触器线圈或者保护装置操作插件。

3）开关操动机构内部问题。在外部回路正常的情况下，如果操动机构内部出现了问题，比如机构卡死，同样引起开关拒合，造成上述后果。

2. 运行人员在操作开关时应注意事项

通过以上分析，弄清了引起开关线圈烧毁的原因，作为运行人员，在操作过程首先要避免人为因素引起的线圈烧毁。变电站中有些站的 10kV 开关信号不是很完善，对于弹簧机构，开关未储能信号可能在主控制室看不到；另外，有些开关在未储能情况下，没有闭锁操作回路，在主控室看到红绿灯正常，没有异常信号，并不能说明没有问题。

正确的做法是，即便是信号完善，回路完善，也要在操作前到开关本体进行检查，检查开关储能指示是否正常，检查储能电源是否正常。

对于电磁机构，就是要检查大合闸保险是否正常投入。

在排除人为操作因素的情况下，如果在操作过程中遇到了开关拒合的情况，运行人员应该果断处理，及时断开操作保险，使合闸保持回路解除，终止设备损坏的继续发生。通知相关专业人员进行及时处理。因为合闸线圈只允许短时通电，如果在操作故障发生时没有采取果断措施断开保险，而是停下来汇报调度，汇报部门领导，恐怕设备早已被烧毁，这样将会严重延误送电时间。

任务三　110kV 隔离开关的就地/远方跳、合闸操作
（以 TV 间隔的 CJ6B 电动操作机构为例）

一、110kV 隔离开关的就地分、合闸操作

隔离开关的操作有手动机械操作和电动操作两种方式。这里所说的操作都是指电动操作。电动和手动操作能互锁。

隔离开关的操作闭锁也有机械闭锁和电气闭锁两种。这里所说的闭锁都是指电气闭锁。

认识：打开隔离开关主刀 1G 的机构箱正门，可看到"远方、就地"转换开关 SA 和"分闸""合闸"和"停止"按钮。

再打开隔离开关地刀 011G、012G 的机构箱正门，看看是否也有同样的操作元件。

步骤：先确认主刀 1G 在合闸位置，地刀 011G、012G 在分闸位置，检查电机控制电源有电压 AC220V、电机工作电源有电压 AC380V，把 SA 转到"就地"，按下分闸按钮 SB2，主刀打开。再按下合闸按钮 SB1，主刀重新闭合。此时到地刀 011G 和 012G 的机构箱进行操作，地刀不能动作，实现闭锁，也称连锁。

如主刀在分闸位置，此时到地刀 011G 和 012G 的机构箱进行操作，地刀能进行分、合闸操作。

当地刀在分闸位置，此时到主刀 1G 的机构箱进行操作，主刀能进行分、合闸操作。

观察：（1）主刀在什么位置时，闭锁地刀？

（2）地刀在什么位置时，闭锁主刀？

（3）电机控制电源和电机工作电源从哪里来，还有哪些空气开关控制？

思考：（1）隔离开关的就地分、合闸操作有"五防"吗？怎么实现的？

（2）隔离开关连锁是什么意思，是怎么实现的？

原理：（1）隔离开关电动分闸。按下分闸按钮 SB2，分闸接触器 KM2 线圈接通，接触器常开触头闭合并自锁，使电动机启动，电动机驱动齿轮蜗轮减速装置，带动与主轴相连的隔离开关分闸。

当主轴接近分闸终点位置时，装在蜗轮上的弹性压片使终点限位开关 SL1 分开，切断分闸接触器的控制装置电源，接触器常开触头打开，切断电动机电源，机械限位装置使机构限制在分闸位置。

（2）隔离开关电动合闸。按下合闸按钮 SB1，合闸接触器 KM2 线圈接通，接触器常开触头闭合并自锁使电动机线路接通，主轴按顺时针方向旋转，从而使隔离开关合闸。

当主轴接近合闸终点位置时，装在蜗轮上的弹性压片使终点限位开关 SL2 分开，切断合闸接触器的控制装置电源，接触器常开触头打开，切断电动机电源，机械限位装置使机构限制在合闸位置。

（3）电动操作停止。在分、合闸过程中，需要中途停止时，可按下停止按钮 SB3，切断控制电源，电机停止，终止操作。

（4）外部闭锁，也称连锁。如图1-19为主刀的控制电路，则在虚线"连锁"的触点，就是图1-20中1G外部闭锁回路。从图1-20可看出，地刀011G、012G必须在分闸位置，即它们的辅助常闭触点闭合，才能操作主刀1G的分、合闸；同理，主刀1G必须在分闸位置，即它的辅助常闭触点闭合，才能操作地刀011G、012G的分、合闸。

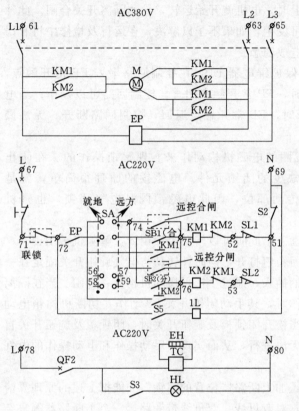

符号说明		
符　号	名　称	备　注
X	接线端子	
M	电动机	
QF、QF1、QF2	低压断路器	
KM1、KM2	交流接触器	
SB1	合闸按钮	
SB2	分闸按钮	
SB3	停止按钮	
SA	就地/远方选择按钮	
EP	断相与相序保护继电器	
SL1、SL2	行程开关	
S2	手动闭锁开关	
S3	灯开关	
S5	电磁锁开关	
TC	温湿度控制器	
EH	加热器	
HL	照明灯	
1L	电磁锁	
AUS	辅助开关	

图1-19　CJ6B电动机构电气原理图

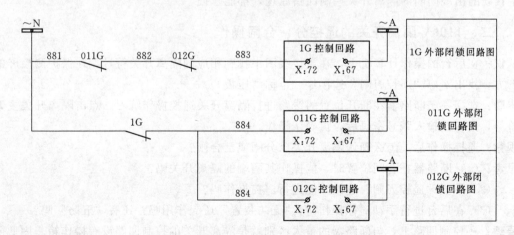

图1-20　CJ6B电动操作机构外部闭锁回路

（5）电机的断相与相序保护继电器 EP。假如不装设 EP，会出现这样的现象，就是按下合闸按钮 SB1 后，此时若电机工作电源空气开关在断开位置，则隔离开关不动作，这时再合上电机工作电源空气开关，隔离开关会动作合闸。这是因为按下合闸按钮 SB1 后，正电源经 SB3、SA、SB1，启动了 KM1 合闸接触器，电机回路中的 KM1 触点闭合，但由于电机工作电源空气开关未合上，电机不动，然而 KM1 接触器一直吸合，并没有断点使其返回。当电机工作电源空气开关合上时，电机就开始运转，导致隔离开关合闸。此种现象在就地、远方及分、合闸操作时都可发生，如果不予以解决，在运行及检修中将有误合、误分隔离开关的可能，对安全运行造成隐患。

因此，在电机回路接入断相与相序保护继电器 EP，在控制回路串入 EP 常开触点，如图 1-19 所示。当电机回路电源正常时，EP 常开触点闭合，控制回路可以操作；当电机回路出现失电、断相、逆相序的情况时，EP 常开触点返回，控制回路断开，无法操作，起闭锁作用。

（6）电磁锁。电磁锁是通过电磁线圈的电磁机构动作来实现解锁操作的。在防止误入带电间隔的闭锁环节中，是不可缺少的闭锁元件。电磁锁的原理很简单，就是利用电磁锁的卡具卡住主刀、地刀的传动部位，因此电磁锁既是电气闭锁，也是机械闭锁。

按下电磁锁按钮，电磁锁电源接通励磁，此时可以转动闭锁销针，解除机械闭锁。

（7）手动闭锁。手动操作时，把正面箱门打开，逆时针转动与电气旋钮开关固定在一起的闭锁板，至露出手柄插入孔，把手柄插入，通过手摇可操动机构分、合闸。当在隔离开关机构箱处于用手动摇杆进行机械操作时，其手动闭锁开关 S2 动作并切断机构箱电动操作电路，使隔离开关不能电动操作。当松开闭锁板及旋钮开关时，闭锁板及旋钮开关自动复位，手柄插入孔被挡住，手动操作无法进行，从而实现了手动操作和电动操作的电气互锁。

（8）对于线路间隔的隔离开关，则需加上断路器位置的闭锁。如能把上述的原理弄清楚了，也不难掌握。甚至可以举一反三，对双母线、双母线带旁路、一个半断路器等复杂主接线的出线间隔的隔离开关控制回路原理，都能掌握。

二、110kV 隔离开关的遥控分、合闸操作

认识：在后台的操作计算机上，在主接线图中找到相应的隔离开关符号。在保护测控屏的下方，找出对应"遥控刀闸"连接片（也称"压板"）。

步骤：选择一条断路器在断开位置的线路进行隔离开关遥控操作练习。点击隔离开关主刀符号，按程序输入账号密码后，再确认操作。

观察：遥控操作后，怎么确认隔离开关已分闸或已合闸？

思考：（1）断路器在合闸位置时，能操作其两端的隔离开关吗？

（2）不投"遥控刀闸"连接片能进行遥控操作吗？

（3）在后台进行手动遥控操作时，"五防装置"还起作用吗？还有"五防"吗？

原理：在控制回路上，与断路器的最大区别就是隔离开关的控制回路没有操作箱。因此隔离开关的远方操作，不能在测控屏上进行，只能在后台的计算机进行遥控操作。

遥控刀闸的分、合闸操作原理，就是把遥控分、合的触点 HJ、TJ 通过电缆接到图 1 - 19 中"遥控合闸"、"遥控分闸"虚线框地方。从图 1 - 21 可看出，遥控刀闸在进行分、合闸操作时，必须投入相应的压板。

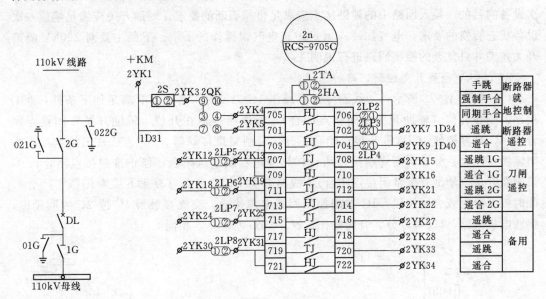

图 1 - 21　断路器、隔离开关遥控回路

　　以 1G 合闸回路为例分析其动作过程。图 1 - 21 中的端子 2YK12、2YK16，通过控制电缆分别与图 1 - 19 的端子 74、75 接通。在后台系统发出合闸命令后，HJ 接点闭合，经控制电缆进入电动机构，经 SA "远方"位置及相关连锁回路启动 KM1，并由 KM1 的常开接点实现自保持，同时 KM1 的常开接点接通电动机 M 的电源，电动机旋转带动机械系统使隔离开关合闸。合闸到位后，隔离开关辅助接点 SL1 断开，切断合闸回路，同时解除 KM1 的自锁。

　　1G 分闸回路与 1G 合闸回路的电气原理类似。在电动机控制回路中可以看出，分闸操作是通过使电动机电源的 A、C 相反接，电动机反向旋转，带动机械系统反向运动完成的。

【拓展知识一】　隔离开关的闭锁原理

　　电力系统所有的电气设备操作中，最容易出现误操作的设备就是隔离开关。《国家电网公司电力生产事故调查规程》中定义的恶性电气误操作，全部与隔离开关有关：带负荷误拉（合）隔离开关、带电挂（合）接地线（接地开关）、带接地线（接地开关）合断路器（隔离开关）。因此，在操作隔离开关时，严格遵守规程的同时，在隔离开关的控制回路上设置电气闭锁，也是必需的技术条件。另外，有条件的，尽量采用遥控操作。

　　隔离开关的闭锁装置分为电气闭锁和机械闭锁，此处着重说明电气闭锁原理。

1. 隔离开关电气闭锁的原理

利用断路器、隔离开关、接地刀闸等设备的辅助接点，在二次电气控制回路中有条件的连接，形成"与"和"或"的逻辑关系，控制电源回路的接通与断开，从而达到控制一次设备的目的。接入回路中的辅助接点应满足可靠通断的要求，辅助开关应满足响应一次设备状态转换的要求，电气接线应满足防止电气误操作的要求。下面主要对 220kV 隔离开关典型并且复杂的控制回路进行说明。

2. 220kV 隔离开关控制回路的闭锁关系

（1）如图 1-22 所示，当线路停送电操作 1G 刀闸时，必须同时满足如下条件：2GD 接地刀闸在开位（辅助开关常闭接点闭合）；母线接地器在开位（辅助开关常闭接点闭合），1CJD 励磁使 1CJD 常开接点闭合；分、合闸交流接触器（1C、2C 常闭接点）互为闭锁接点闭合；分、合闸终端接点闭合；热继电器闭接点闭合；停止按钮接点闭合；2G 刀闸在开位（辅助开关常闭接点闭合）；线路开关 DL 在开位（辅助开关常闭接点闭合）。此时按下分闸或合闸按钮，1G 刀闸控制回路电源接通，交流接触器 1C 或 2C 线圈励磁，接通电机回路，1G 可以分、合闸操作。2G 与 1G 原理基本相同。

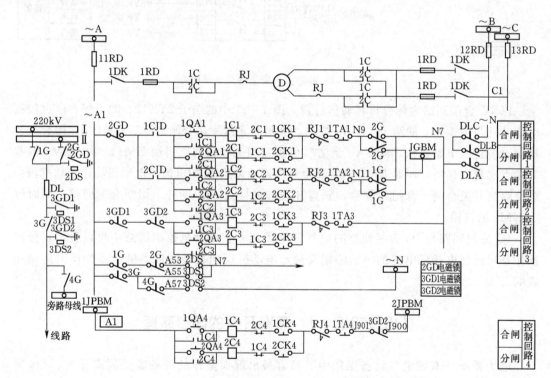

图 1-22　线路隔离开关控制回路图

（2）当倒母线操作 1G 时，必须同时满足如下条件：2GD 接地刀闸在开位（辅助开关常闭接点闭合）；母线接地器在开位（辅助开关常闭接点闭合），1CJD 励磁使 1CJD 常开接点闭合；分、合闸交流接触器（1C、2C 常闭接点）互为闭锁接点闭合；分闸、合闸终端接点闭合；热继电器闭接点闭合；停止按钮接点闭合；2G 刀闸在合位（辅助开关常开接点闭合）；母联 1G、2G 刀闸在合位（辅助开关常开接点闭合）。此时按下分闸或合闸按钮，1G 刀闸控制回路电源接通，交流接触器 1C 或 2C 线圈励磁，接通电机回路，1G 可以分、合闸操作。2G 与 1G 原理基本相同。如图 1-23、图 1-24、图 1-25 所示。

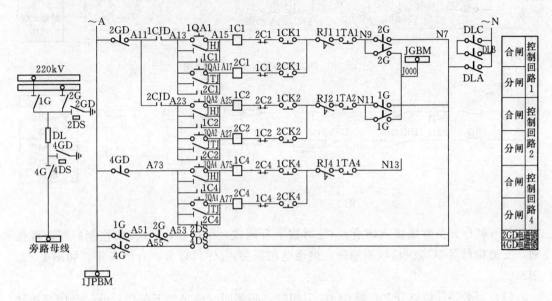

图 1-23 旁路隔离开关控制回路图

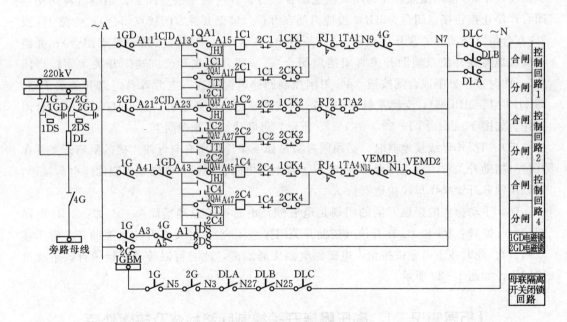

图 1-24 母联隔离开关控制回路图

（3）当线路停送电操作 3G 刀闸时，必须同时满足如下条件：3GD1、3GD2 接地刀闸在开位（辅助开关常闭接点闭合）；分、合闸交流接触器（1C、2C 常闭接点）互为闭锁接点闭合；分、合闸终端接点闭合；热继电器闭接点闭合；停止按钮接点闭合；线路开关

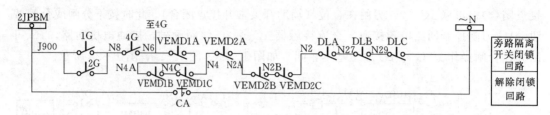

图1-25 线路和旁路4G闭锁回路图

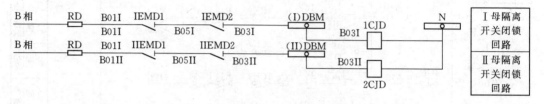

图1-26 1G、2G闭锁回路图

在开位（辅助开关常闭接点闭合）。此时按下分闸或合闸按钮，3G刀闸控制回路电源接通，交流接触器1C或2C线圈励磁，接通电机回路，3G可以分、合闸操作。如图1-22所示。

（4）当旁路代线路开关，操作4G刀闸时，必须同时满足如下条件：分、合闸交流接触器（1C、2C常闭接点）互为闭锁接点闭合；分、合闸终端接点闭合；热继电器闭接点闭合；停止按钮接点闭合；3GD2接地刀闸在开位（辅助开关常闭接点闭合）；旁路1G或2G在合位（辅助开关常开接点闭合）；旁路4G在合位（辅助开关常开接点闭合）；旁路母线接地器在开位（辅助开关常闭接点闭合）；旁路开关在开位（辅助开关常闭接点闭合）。此时按下分闸或合闸按钮，4G刀闸控制回路电源接通（电源取自旁路开关端子箱，即1JPBM、2JPBM），交流接触器1C或2C线圈励磁，接通电机回路，4G可以分、合闸操作。如图1-22、图1-23、图1-25所示。母联代线路原理同上。

（5）当操作母线接地器时，必须同时满足如下条件：所有与母线连接的隔离开关都在开位（辅助开关常闭接点闭合），此时按下接地器电磁锁按钮，电磁锁控制回路电源接通，可以用钥匙开锁操作母线接地器。

（6）手动操作的接地刀闸的闭锁是电磁锁，电磁锁的原理很简单。例如：2GD电磁锁的电气原理：1G和2G在开位（辅助开关闭接点闭合）；开关在开位（辅助开关常闭接点闭合）。此时按下电磁锁按钮，电磁锁电源接通励磁，此时可以转动闭锁销针，解除机械闭锁。如图1-22所示。

【拓展知识二】 高压隔离开关控制回路检修及故障处理

一、高压隔离开关控制回路检查

（1）检查常用工器具：万用表、兆欧表、试操电源箱、螺丝刀、扳手、钳子、剥线钳、尖嘴钳、斜口钳。

（2）注意事项：

1）转换开关 SA 所处的位置。

2）在通电操作前，使机构处于分合闸中间位置，然后接上电源，按合闸或分闸按钮。

3）观察交流电动机构主轴转动方向是否符合要求。若相反，立即切断电源，改换电源线的相序。

4）在额定操作电压 85%～110% 的范围内，应能保证隔离开关可靠地分闸或合闸。

5）试操电源开关动作可靠。

6）试操电源线绝缘良好、无破损。

7）在检查或用摇把操动时，必须先切断电动机的电源，电动操作时，务必取下手柄，以免发生意外。

（3）检查内容：

1）电机回路、转换回路、辅助回路、驱潮回路、信号回路动作可靠、接触良好。

2）二次回路端子无锈蚀，连接可靠，接地可靠。

3）电气回路连锁可靠，开锁灵活。

4）二次回路绝缘电阻测试，绝缘电阻不小于 2MΩ。

二、操动机构常见电气故障及处理

（1）电气控制系统不良。断线、端子松动、接触器线圈间隙及控制电压不符合要求、各控制接点氧化松动等。

（2）按分、合按钮，机构转动方向不符。处理方法：将交流电动机三相电源任意两相互换。

（3）接触器故障、原因及处理。触头熔焊、断相、相间短路等，可能是操作频率过高或选用不当；负荷侧短路，触头弹簧压力过小，表面有异物，吸合过程中触头停在似接非接触的位置上；触头烧缺，压力弹簧片失效，螺钉松动；可逆接触器连锁失灵或误动致使正反同时启动造成相间短路，换接过程中发生弧光短路，潮湿；过热使绝缘老化损坏等。处理方法：清理接触器的可动触点及电磁铁吸合触面，检查有无断线现象。

（4）电动操作拒分、拒合。

1）电压偏移（操作电源电压不在额定操作电压 85%～110% 的范围内）电动机启动转矩不足。处理方法：检查电源电压。

2）拒分。分闸限位开关 SL2 未闭合，分闸接触器线圈断线，合闸接触器常闭触点不闭合，分闸按钮触点不通，手动闭锁开关 SL3 未复位。

3）拒合。合闸限位开关 SL1 未闭合，合闸接触器线圈断线，分闸接触器常闭触点不闭合，合闸按钮触点不通，手动闭锁开关 S2 未复位。

（5）热继电器故障、原因及处理。热元件烧断，继电器不动作；动作不稳定，时快时慢；动作太快，电路不通等。可能是负荷侧短路电流过大，操作频繁，热继电器电流选用不合适，整定偏大，动作触头接触不良，热元件烧断脱焊，动作机构卡阻，导板脱出。内部机构松动，检修中弯折了双金属片，电流波动太大，螺钉松动等。整定值偏小，连接导线太细，可逆转换频繁，热元件烧断，动作后未复位。

（6）机构手动合闸到位，但是电动合闸不到位。处理方法：调整合闸限位开关 SL1 位置。

（7）机构合后即分或分后即合。

1）合后即分。分闸按钮粘连一直处于闭合状态，分闸接触器自保持动合触点未打开。

2）分后即合。合闸按钮粘连一直处于闭合状态，合闸接触器自保持动合触点未打开。

（8）电动机烧毁。电压偏移（操作电源电压不在额定操作电压 85％～110％的范围内）电动机启动转矩不足。引起电流增大，烧毁电机。处理方法：更换接触器或电源空气开关及电动机。

项目二 信号系统的校验

任务一 10kV 线路开关柜信号的校验

一、开关量信号的校验

1. 断路器、接地刀闸及手车位置信号的校验

认识：（1）断路器分位/合位。

（2）断路器手车试验/工作位置。

（3）地刀分位/合位。

（4）压板投入/退出：闭锁重合闸、低周减载、装置检修状态。

步骤：（1）遥控操作断路器分、合闸。

（2）把断路器手车分别摇到"试验"和"工作"位置。

（3）分别操作地刀在"分""合"位置。

观察：（1）以上每一项操作后，在相应的保护装置或测控装置上是否看到相应的报文，或位置灯光信号的变化。

（2）以上每一项操作后，在后台计算机监控系统中是否看到相应位置信号，如弹窗报文，或后台计算机监控主接线图中断路器符号颜色的变化。

思考：断路器、接地刀闸及手车的位置发生变化后，相应的信号是怎么产生的？

原理：从图 2-1 可以看出，断路器分位，是由开关柜断路器机构中常闭接点来反映的。当断路器跳闸后，此触点闭合，公共端正电源（回路编号 701）与保护装置端子 11RD14 接通。这是由触点动作后，输入保护装置的一个开关量信号，就是变电站综合自动化系统中所谓的"硬接点信号"。硬接点信号就是变电站被监控设备，经开出接点，通过电缆接入保护或测控装置开入接点的信号。

其他的位置信号类似，都是在一次设备动作后，利用其常开触点或常闭触点，把信号回路的正电源（回路编号 701）与相应的开入接点接通，从而通过保护或测控装置，或通过后台监控计算机，显示出开关位置的变化，并发出报警的声响信号。

手动投入或退出压板，可看到相应的信号。压板的具体含义是，"闭锁重合闸"，不允许重合闸；投"低周减载"，在系统故障引起系统频率过低时，自动切除部分不重要的负荷；投"装置检修状态"，当该开入投入时，装置将屏蔽所有的远动功能。即在后台无法接收该装置的动作或报警信息，也无法远程召唤保护信息或请求遥控。

2. 断路器本体信号的校验

认识："弹簧未储能"信号。

步骤：（1）遥控操作断路器分、合闸。

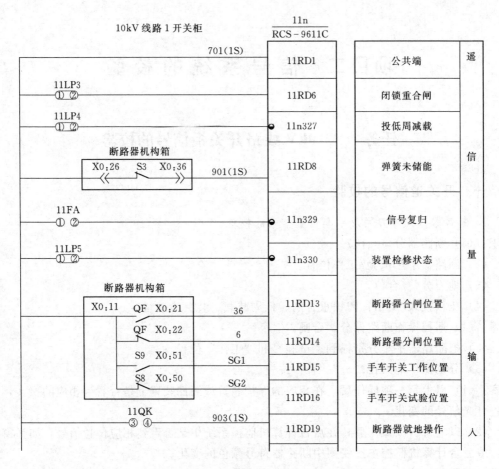

图 2-1 10kV 线路开关柜信号回路图

（2）切断"储能电源"空气开关，操作断路器合闸，使其不能储能。

观察：（1）"弹簧未储能"信号会在什么地方出现？

（2）"弹簧未储能"信号是在断路器分闸后还是合闸后出现？

思考："弹簧未储能"信号是在断路器分闸后还是合闸后出现？

原理：如图 2-1 所示，由断路器机构箱中微动行程开关 S3，在弹簧释放能量后闭合，接通信号正电源 701，从而发出"弹簧未储能"信号。

　　3. 保护装置及二次回路信号的校验

认识：在保护测控装置的显示屏和后台计算机监控系统中，找到以下信号：事故总、装置闭锁、运行报警、保护跳闸、保护合闸、控制回路断线、断路器就地操作。

步骤：（1）用继电保护测试仪模拟线路故障，使保护装置动作跳闸并重合闸。

（2）在保护装置中设置错误的定值，如设置 Ⅰ 段的动作值小于 Ⅱ 段的动作值。

（3）断开保护屏的电压互感器空气开关。

　　观察：在上述操作步骤中，边做边注意观察后台计算机监控系统中出现的相应信号。尤其注意在保护动作后，出现哪些信号。

思考： 没有"硬接点"开入，这些信号是怎么产生的？

原理： （1）事故总。经手合或遥控合上的断路器，现在非手动跳开了，立即动作发出"事故总"信号。往往也表示一个间隔的保护跳闸。为了满足综合自动化的要求，该信号在事故后，能自行返回，实际上由软件延时 3s 后返回。

（2）装置闭锁。当装置检测到本身硬件故障时，发出装置闭锁信号，同时闭锁装置（BSJ 继电器返回）。硬件故障包括：定值出错、电源故障、CPLD 故障，当发生硬件故障时请及时与厂家进行联系请求技术支持。对保护装置而言这是极其危险的状态，若不解决可导致保护装置拒动。

（3）运行报警。当装置检测到下列状况时，发运行异常信号（BJJ 继电器动作）：TWJ 异常、线路电压报警、频率异常、电压互感器断线、控制回路断线、接地报警、过负荷报警、零序Ⅲ段报警、弹簧未储能、电流互感器断线。

（4）保护跳闸。保护装置动作，输出跳闸信号。

（5）保护合闸。就是重合闸动作。

（6）控制回路断线。控制回路中的 TWJ 与 HWJ 同时为失电，它们的常闭触点同时闭合。反映与开关相连的操作回路异常或操作回路控制电源跳开。

（7）断路器就地操作。在开关柜断路器机构箱上进行的操作。

上述的信号，除了"断路器就地操作"属于二次回路的信号外，其他的信号都属于"软信号"，就是指通过协议转换获取被监控设备运行状况的信息。"软信号"在一定逻辑条件下由保护或测控装置内部产生，一般不具有回路编号，直接接入保护测控屏端子排和装置端子号。如图 2-2 所示。

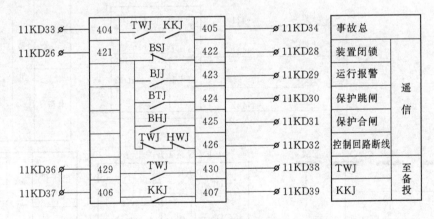

图 2-2 10kV 线路保护控制信号回路图

二、模拟量校验

认识： 在保护测控装置的显示屏上，在后台计算机监控系统的主接线图里，找到以下模拟量信息：

A、B、C 相电流，A、B、C 相电压，有功功率、无功功率、功率因数、A 相线路电容式电压互感器电压。

步骤:(1)测试仪在开关柜里的保护电流回路端子上,A、B、C三相分别加上1A、2A、3A的正序电流值。

(2)测试仪在开关柜里的电压回路端子上,A、B、C三相分别加上10V、20V、30V的正序电压值。

(3)测试仪在开关柜里的保护电流、电压回路端子上,同时加上额定的正序电流、电压值。

观察:(1)显示的各模拟量的幅值和相角是否正确,有无相序的错误?

(2)什么情况下会出现零序电流和零序电压?

(3)在保护电流回路上加电流值时,能看到测量电流吗?能看到功率和功率因数吗?

思考:(1)所看到的模拟量都是正值,什么情况会出现负值呢?

(2)如测试仪的中性线没有接,会显示什么样的模拟量,还准确吗?

(3)为什么要分开保护电流和测量电流?

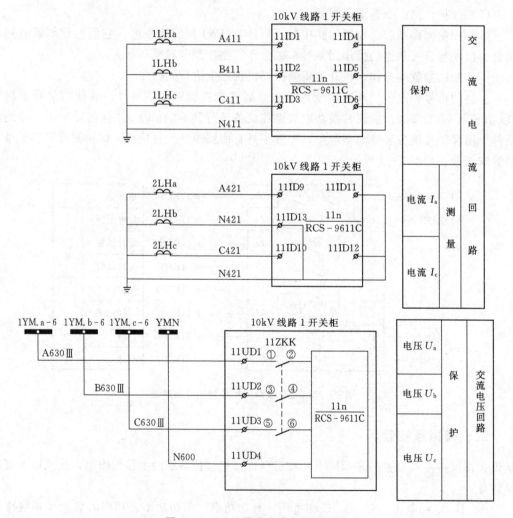

图 2-3   10kV线路电流电压回路图

原理：模拟量是变电站综合自动化系统显示的重要数据，是变电站和电力系统运行中值班员随时要掌握的重要的电气量参数。

模拟量的校验，往往结合二次回路检查一起进行。要检查各输入模拟量的极性是否正确，包括零序电流极性是否正确。在互感器二次侧，即电流电压的端子排上加入电流电压，实际上相当于模拟了线路带负荷后的模拟量测试检查，此时显示的模拟量要符合系统潮流大小及方向，且开关量正确，信号指示无异常。

在三相电流和电压回路上，加入幅值不等的量，可以检查零序分量的显示是否正确，更重要的是，通过这项检查，可以校对电流和电压的相序是否正确。如图 2-3 所示。

由于保护装置、测量装置和计量装置对互感器的精度要求不同，所以这三种装置按要求接到互感器的不同绕组，且不能错接。这也是在模拟量校验时要注意核对的。

微机测控装置的主要功能是测量及控制，具有实时电压、电流、无功功率、有功功率、功率因数及事件信息显示功能。在控制方面，具有就地控制回路及远传信号系统的功能。微机测控装置还具有把"硬触点"信号转换为"软信号"的功能。

任务二　110kV 线路信号的校验

一、开关量信号的校验

1. 断路器、隔离开关（含接地刀闸）位置信号的校验

认识：在保护屏、测控屏和后台计算机监控系统中，找到断路器和隔离开关的位置信号：断路器分位、断路器合位、隔离开关（含接地刀闸）分位、隔离开关（含接地刀闸）合位。

步骤：分别操作断路器和隔离开关的分、合闸，能遥控操作的尽量不要就地操作。每完成一项操作，要注意观察相应的断路器和隔离开关的位置信号。

观察：结合上述操作，每完成一项操作，要注意观察相应的断路器和隔离开关的位置信号是否正确。

思考：这里的操作步骤和观察结果，与前面的 10kV 线路开关柜的校验过程一样吗？

原理：图 2-4 所示为 110kV 线路断路器、隔离开关信号回路原理。从中可以看出，用它们的常开触点来接通合位，用常闭触点来接通分位。道理很简单，因为当开关合闸时，其常开触点是闭合的，正好用来接通测控装置，反映"合闸"位置；同样的，当开关分闸时，其常闭触点是闭合的，正好用来接通测控装置，反映"分闸"位置。

隔离开关的辅助触点在隔离开关机构箱内，通过控制电缆接到测控屏的端子排上。要注意的是，在敷设电缆时，一般是从隔离开关机构箱到断路器端子箱，再连接到测控屏的端子排上，而不像断路器辅助触点，用控制电缆直接接到测控屏的端子排上。

2. 断路器本体信号的校验

认识：在保护屏、测控屏和后台计算机监控系统中，找到断路器本体信号：断路器 SF_6 气压低报警、断路器 SF_6 气压低闭锁、断路器机构弹簧未储能、断路器机构电机电源故障、断路器机构加热驱潮电源故障、断路器机构就地控制、断路器机构电机运转、断路器

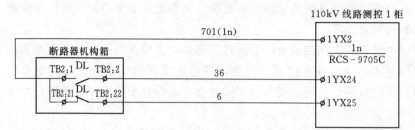

图 2-4 110kV 线路断路器、隔离开关信号回路图

机构电机过电流过时。

步骤： 用短接线短接断路器机构箱对应信号的端子，如端子排 TB1 的 25 和 26 端子，在保护屏和后台计算机监控系统中，应该会出现"断路器 SF_6 气压低报警"信号。按同样的步骤，分别逐对地短接端子，以校验相应的信号。

观察： 图纸上标示的信号与现场试验时的信号是否一致？

思考： 要合上哪个空气开关，编号 701 的回路才有正电压？

原理： 如图 2-5 所示，短接断路器机构箱两侧的端子，就是把正电源接到测控装置相应信号的开入端子上，由测控装置把"硬接点"信号转换成"软信号"，最后再由计算机监控系统发出报警信号。实际上，图2-5中右侧的端子都与正电源701并联在一起。

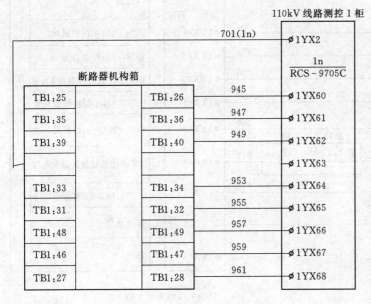
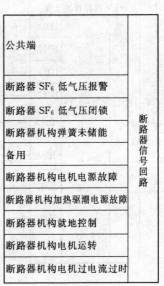

图2-5 断路器本体信号回路图

3. 保护装置及二次回路信号的校验

认识： 在保护屏、测控屏和后台计算机监控系统中，找到断路器本体信号：保护跳闸、重合闸、断路器控制回路断线、保护装置报警闭锁、保护装置异常、控制回路断线、TV操作箱切换回路失电压、切换继电器同时动作、事故总信号、线路单相TV跳。

步骤： 用短接线短接线路保护屏对应信号的端子，如1D118和1D120端子，在保护屏和后台计算机监控系统中，应该会出现"保护跳闸"信号。按同样的步骤，分别逐对地短接端子，以校验相应的信号。这里，1D118、1D59、1D90都接到信号正电源701。保护装置的开出量都是"软信号"，如图2-6所示。

观察： 图纸上标示的信号与现场试验时的信号是否一致？

思考： 保护装置是怎么发出这些信号的？

原理： 实际上，上述的信号，除了"线路单相TV跳"属于二次回路的信号外，其他的信号都属于"软信号"，就是指通过协议转换获取被监控设备运行状况的信息。"软信号"在一定逻辑条件下由保护或测控装置内部产生，直接接入保护测控屏端子排和装置端子号。

二、模拟量校验

认识： 在保护测控装置的显示屏和后台计算机监控系统的主接线图中，在故障录波器上，找到以下模拟量信息：A、B、C相电流，A、B、C相电压，有功功率、无功功率、功率因数、A相线路电容式电压互感器电压。

步骤： （1）测试仪在断路器端子箱里的保护电流回路端子上，A、B、C三相分别加上

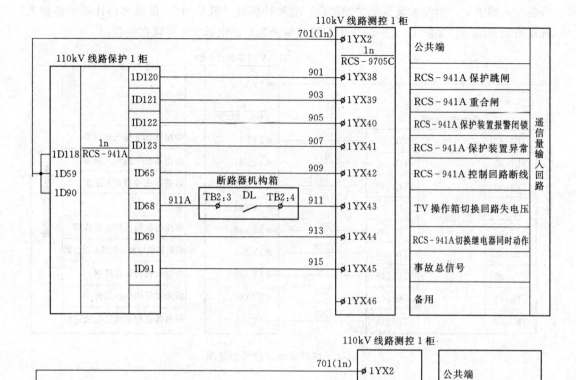

图 2-6　保护装置及二次回路信号

1A、2A、3A 的正序电流值。

（2）测试仪在电压并列柜里的 110kV 电压回路端子上，A、B、C 三相分别加上 20V、30V、40V 的正序电压值。

（3）测试仪在保护屏里的保护电流、电压回路端子上，同时加上额定的正序电流、电压值。

观察：（1）显示的各模拟量的幅值和相角是否正确，有无相序的错误？

（2）什么情况下会出现零序电流和零序电压？

（3）在保护电流回路上加电流值时，能看到测量电流吗？能看到功率和功率因数吗？

思考：（1）所看到的模拟量都是正值，什么情况会出现负值呢？

（2）如测试仪的中性线没有接，会显示什么样的模拟量，还准确吗？

（3）为什么要分开保护电流和测量电流？

原理：模拟量是变电站综合自动化系统显示的重要数据，是变电站和电力系统运行中值班员随时要掌握的重要的电气量参数。

模拟量的校验，往往结合二次回路检查一起进行。要检查各输入模拟量的极性是否正确，包括零序电流极性是否正确。在互感器二次侧，即电流电压的端子排上加入电流电压，实际上相当于模拟了线路带负荷后的模拟量测试检查，此时显示的模拟量，要符合系统潮流大小及方向，且开关量正确，信号指示无异常。

在三相电流和电压回路上，加入幅值不等的量，可以检查零序分量的显示是否正确，更重要的是，通过这项检查，可以校对电流和电压的相序是否正确。如图 2 - 7 所示。

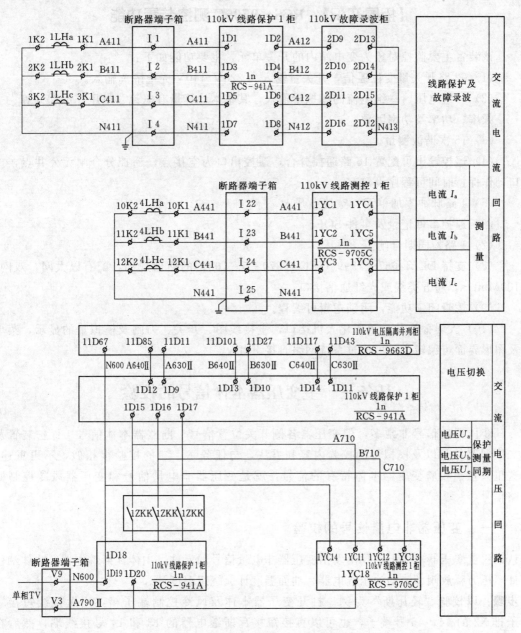

图 2 - 7 交流电流电压回路图

由于保护装置、测量装置和计量装置对互感器的精度要求不同，所以这三种装置按要求接到互感器的不同绕组，且不能错接。这也是在模拟量校验时要注意核对的。

微机测控装置的主要功能是测量及控制，具有实时电压、电流、无功功率、有功功率、功率因数及事件信息显示功能。在控制方面，具有就地控制回路及远传信号系统的功能。微机测控装置还具有把"硬触点"信号转换为"软信号"的功能。

【拓展知识】 RCS - 9705C 测控装置功能

该装置主要监控对象为变电站内的开关单元，主要功能如下：

（1）62 路开关量变位遥信，开关量输入为 220V/110V 光电隔离输入。

（2）一组电压、一组电流的模拟量输入，其基本计算量有电流、电压、电度计算、频率、功率及功率因数。

（3）15 次谐波测量。

（4）遥控输出可配置 16 路遥控分合，遥控出口为空接点，遥控分合闸无公共点，出口动作保持时间可程序设定。

（5）4 路脉冲累加单元，空接点开入。

（6）遥控事件记录及事件 SOE。

（7）1 路检同期合闸。

（8）支持 DL/T 667—1999 （IEC 60870 - 5 - 103）的通信规约，配有以太网，双网，100Mbit/s，超五类线或光纤通信接口。

（9）逻辑闭锁功能，闭锁逻辑可编程。

（10）大屏幕液晶，图形化人机接口，主接线图、开关、刀闸及模拟量的显示，菜单及图形界面可编辑，并可通过系统网络直接下载。

任务三　主变压器本体信号的校验

变压器的信号非常多，但变压器各侧开关位置信号、断路器本体信号、保护装置及二次回路信号以及模拟量的校验内容和方法，与任务一、二的校验很相似，不再重述。这里只重点校验变压器本体特有的信号，就是变压器非电量信号和变压器风冷控制回路信号。

一、变压器非电量信号的校验

认识：在变压器本体上，找出发出变压器非电量信号的元件：主体瓦斯继电器、主体油位计、压力释放阀、速动油压继电器、油面温度计、绕组温度计。

步骤：以校验"轻瓦斯"为例。打开变压器本体及风冷控制端子箱，用短接线短接端子排 X2 的 44、45 号端子，也可以直接短接瓦斯继电器的 13 和 14 号接线端，然后在变压器第二套保护屏和后台计算机监控系统中，应该会出现"变压器本体轻瓦斯"信号。按同样的步骤，分别逐对地短接其他信号的端子，以校验相应的信号。如图 2 - 8

和图 2 - 9 所示。

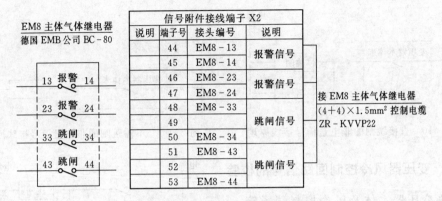

信号附件接线端子 X2			
说明	端子号	接头编号	说明
EM8 主体气体继电器 德国 EMB 公司 BC - 80	44	EM8 - 13	报警信号
	45	EM8 - 14	
	46	EM8 - 23	报警信号
	47	EM8 - 24	
	48	EM8 - 33	跳闸信号
	49		
	50	EM8 - 34	
	51	EM8 - 43	跳闸信号
	52		
	53	EM8 - 44	

接 EM8 主体气体继电器
(4＋4)×1.5mm² 控制电缆
ZR - KVVP22

图 2 - 8 变压器本体及风冷箱瓦斯保护回路信号

1号主变测控柜			
		3n RCS - 9703C	
1号主变第二套变压器保护	701(3n)	3YX4	公共端
8D71 8D93	901(3n) 8D91	3YX42	主变非电量保护 RCS - 974A 油温过高
	903(3n) 8D74	3YX43	主变非电量保护 RCS - 974A 装置闭锁
	905(3n) 8D75	3YX44	主变非电量保护 RCS - 974A 装置报警
	907(3n) 8D76	3YX45	主变非电量保护 RCS - 974A 冷控失电延时跳闸
	909(3n) 8D77	3YX46	主变非电量保护 RCS - 974A 冷控失电
8n RCS - 974A	911(3n) 8D80	3YX47	主变非电量保护 RCS - 974A 本体重瓦斯
	913(3n) 8D81	3YX48	主变非电量保护 RCS - 974A 有载重瓦斯
	915(3n) 8D82	3YX49	主变非电量保护 RCS - 974A 绕组过温
	917(3n) 8D83	3YX50	主变非电量保护 RCS - 974A 压力释放
	919(3n) 8D84	3YX51	主变非电量保护 RCS - 974A 速动油压
	921(3n) 8D85	3YX52	主变非电量保护 RCS - 974A 本体轻瓦斯
	923(3n) 8D87	3YX53	主变非电量保护 RCS - 974A 本体油位异常
	925(3n) 8D88	3YX54	主变非电量保护 RCS - 974A 有载油位异常
	927(3n) 8D89	3YX55	主变非电量保护 RCS - 974A 油温高
	929(3n) 8D90	3YX56	主变非电量保护 RCS - 974A 绕组温高
	931(3n) 8D98	3YX57	主变非电量保护 RCS - 974A 电源失电
94D38 94D41	933(3n) 94D39	3YX58	第二套变压器保护柜 10kV 侧操作箱事故总信号
9n CJX - 11	935(3n) 94D44	3YX59	第二套变压器保护柜 10kV 侧操作箱控制回路断线

遥信量输入

图 2 - 9 变压器非电量信号联系图

观察：图纸上标示的信号与现场非电量信号的元件试验时产生的信号要一致。

思考：保护装置是怎么发出这些信号的？

原理：实际上，从变压器本体来的非电量信号，如轻瓦斯信号，经过变压器第二套非电量保护装置启动后，给出中央信号、远方信号、事件记录三组接点，同时非电量保护装置本身的 CPU 也可记录非电量动作情况。对于需要延时跳闸的非电量信号，由装置经过定值设定的延时启动装置的跳闸继电器，而直接跳闸的非电量信号直接启动装置的跳闸继电器。其原理可分别参考图 2-10～图 2-12。

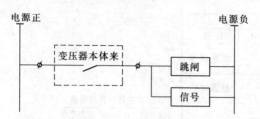

图 2-10 直接跳闸的非电量信号接线原理 图 2-11 不需跳闸的非电量信号接线原理

二、变压器风冷控制回路信号的校验

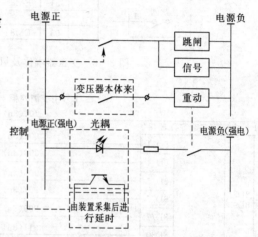

认识：在变压器本体及风冷控制端子箱，根据图 2-13，找出变压器风冷控制回路信号的端子号：Ⅰ路电源短路故障、Ⅱ路电源短路故障、Ⅰ路电源断相、Ⅱ路电源断相、Ⅰ路电源投入运行、Ⅱ路电源投入运行。

步骤：以校验"Ⅰ路电源短路故障"为例。打开变压器本体及风冷控制端子箱，用短接线短接端子排 X1 的 29、30 号端子，也可以直接短接风冷控制回路的 100和 101 号接线端，然后在变压器第二套

图 2-12 需延时跳闸的非电量信号接线原理

保护屏和后台监控计算机系统中，应该会出现"Ⅰ路电源短路故障"信号。按同样的步骤，分别逐对地短接其他信号的端子，以校验相应的信号。如图 2-13 和图 2-14所示。

信号附件接线端子 X1：			
名称	端子标号	接头端号	含义
	28		
QF1	29	101	Ⅰ路电源短路故障
QF2	30	102	Ⅱ路电源短路故障
KV1	31	103	Ⅰ路电源断相
KV2	32	104	Ⅱ路电源断相
KM1	33	105	Ⅰ路电源投入运行
KM2	34	106	Ⅱ路电源投入运行
公用线	35	100	公用线
	36		
KM3	37	120	风机全停信号
KM14	38	133	

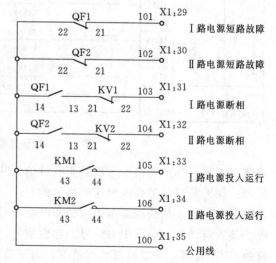

图 2-13 变压器风冷控制箱回路信号图

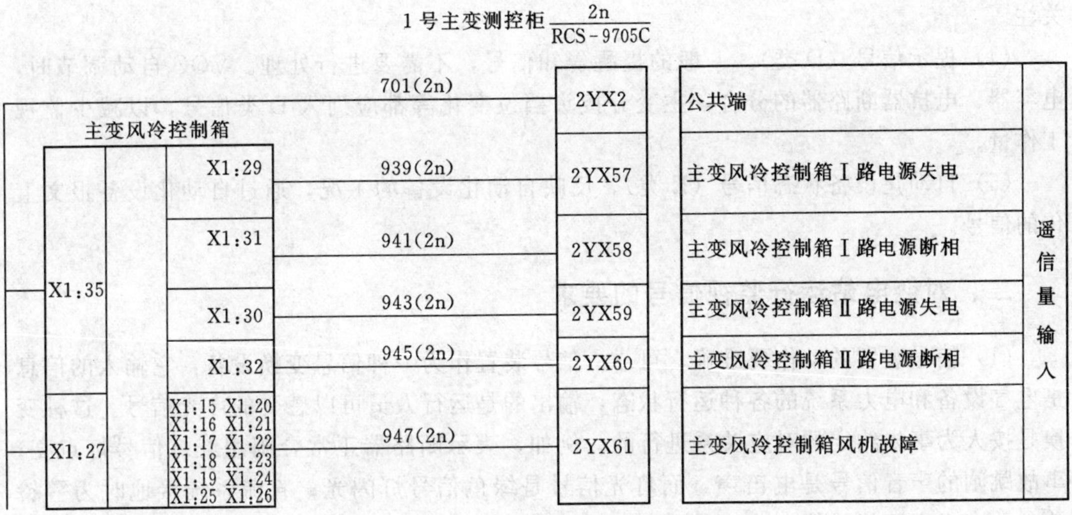

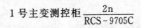

图 2-14 变压器风冷控制回路信号联系图

观察：图纸上标示的信号与现场非电量信号的元件试验时产生的信号要一致。

思考：保护装置是怎么发出这些信号的？

【拓展知识一】 220kV 及以下变电站监控信号的校验表

正确采集变电站监控信号系统信息，是提高运行设备监控质量，提高事故处理速度，提高电网调度自动化系统应用水平，更好地满足电网调度运行和变电站集中监控的重要保证。因此，有必要在变电站交接性验收、定期检验中对变电站监控信号进行校验。

一、变电站运行监视信号的类别

根据信号处理的危急程度及信号特点，将监视的开关量信号分为五类，在监控系统上实现分类显示。

（1）事故信号（A 类）。包括反映事故的信号及断路器变位信号：断路器分合信号、保护动作信号、单元事故信号、断路器弹簧未储能信号。

断路器分合是重要监视信号，列入 A 类是加强注意；断路器弹簧未储能信号一定会伴随断路器合闸，在事故跳闸时可以作为重合闸动作的判据。

（2）告警信号（B 类）。有关设备失电、闭锁、异常、告警等信号，需要立即关注并进行处理。

断路器机构告警信号：分合闸闭锁、SF_6 告警闭锁、漏氮报警、就地控制信号、加热储能电源消失等；保护装置异常信号；二次回路告警信号；解锁信号；其他异常告警信号；模拟量越限信号。

（3）变位信号（C类）。主要是隔离开关和地刀的变位信号，倒闸操作时要重点关注。

（4）提示信号（D类）。一般的提醒告知信号，不需要进行处理。VQC自动调节时，电容器、电抗器断路器的分合，主变分接头挡位变化等都应列入D类信号，以减少监视工作量。

（5）自动化设备状态信号（E类）。反映自动化设备的工况，通过自动化设备报文上传的信号。

二、对变电站运行监视信号的要求

（1）信号装置的动作要准确、可靠。信号装置作为一种信息变换设备，它输入的信息是电气设备和电力系统的各种运行状态，输出的是运行人员可以感受的声光信号。这种变换是按人为事先约定的对应关系进行的。例如，表示断路器正常合闸用红灯信号灯点亮；事故跳闸的声音信号是电笛声，而灯光信号是绿色信号灯闪光；直流系统接地时为警铃响，并有光字牌指示等。

信号装置的这种变换信息的功能一定要准确、可靠，既不能误变换，也不允许不变换。否则，运行人员就不能准确地掌握电气设备和系统的运行工况，也就不能作出正确的判断和操作，甚至可能造成操作延误或严重事故。例如，当小接地电流系统发生单相接地时，如果信号装置失灵而不能及时发出警报信号，运行人员就不可能作出停用电容器及拉路查找接地点的决定和操作，使系统发生长时间接地，结果造成设备绝缘损坏和故障停电事故。

（2）声光信号要便于运行人员注意。运行人员感受各种信号主要靠视觉和听觉，光线的不同颜色、亮度，声音的不同频率及强度被人感受的灵敏度不同。信号装置采用的声光信号必须适应人的要求，明显、清晰，最有利于人的感官接收与判别，有利于对发生事件的判断。

（3）信号装置对事件的反应要及时。当电气设备或系统发生事故或出现异常运行状态时，应及时反映给运行人员，以便尽快进行处理，减少事故造成设备损坏的程度及对电网的影响，这样就要求信号装置有较高的反应速度，否则可能延误事故的处理，而使事故扩大。

在信号系统中，常常根据信号的重要性将其分为瞬时预告信号与延时预告信号，这样既可以突出一些重要信号，也可以减少一些次要信号对运行人员的精神压力，如一些在系统波动或操作中的瞬间干扰可能触发的信号。

三、遥信的说明

遥信，即变电站综合自动化系统四遥功能之一。四遥功能即遥信（YX）、遥测（YC）、遥控（YK）和遥调（YT）。

遥信要求采用无源接点方式，即某一路遥信量的输入应是一对继电器的触点，或者是闭合，或者是断开，通过遥信电路模块将继电器触点的闭合或断开转换成为低电平或高电平信号，送入远程终端（remote terminal unit，RTU）的遥信模块。

遥信功能通常用于测量下列信号：开关的位置信号、变压器内部故障综合信号、保护装置的动作信号、通信设备运行状况信号、调压变压器抽头位置信号、自动调节装置的运行状态信号和其他可提供继电器方式输出的信号、事故总信号及装置主电源停电信号等。

220kV 及以下变电站监控信号配置及校验记录表见附表，其主要内容有设备的名称和类别，信号的名称和类别，信号的采集要求、校验说明及记录。

【拓展知识二】 变电站综合自动化控制及信号系统概述

一、变电站综合自动化控制及信号系统的功能

以 110kV 变电站为例，有两台 110kV/10kV 双绕组变压器，单母线分段接线。站内主要二次设备包括：110kV 主变保护测控屏，屏内主要有主变保护装置、测控装置、操作箱；110kV 线路保护测控屏，屏内主要有线路保护装置、测控装置、操作箱，由于 110kV 设备的操作箱电路简单，有的厂家已把操作箱整合到保护装置中；110kV 母线保护屏，屏内主要有母线保护装置；110kV 备自投屏，屏内主要有备自投装置、充电保护装置；综合测控屏，屏内主要有测控装置、110kV/10kV 电压并列装置；远动屏，屏内主要有路由器、通信装置；主变两侧的计量屏，屏内主要有电能表；10kV 线路保护装置安装在开关柜上，类似还有电容器保护装置；10kV 备自投屏，屏内主要有备自投装置、充电保护装置等。

这些保护屏、测控屏、计量屏等各种屏柜，它们各自独立，又通过控制电缆连接在一起，它们构成了变电站综合自动化系统重要环节。在结构上，这些屏柜上与后台监控系统计算机相连，下与变电站内的各种配电装置，如断路器、隔离开关、开关柜、互感器等一次设备连接，是变电站综合自动化系统分层结构中的第二层，称为间隔层。

一般认为，间隔层装置是指按变电站内电气间隔配置，实现对相应电气间隔的测量、监视、控制、保护及其他一些辅助功能的自动化装置。

间隔层装置直接采集和处理现场的原始数据，通过网络传送给站控级计算机，同时接收站控层发出的控制操作命令，经过有效性判断、闭锁检测和同步检测后，实现对装置的操作控制。间隔层也可独立完成对断路器和隔离开关的控制操作。因此，间隔层的功能作用，就构成了变电站综合自动化控制及信号系统的功能。

（1）数据采集。

1）模拟量的采集。交流模拟量：电流、电压、有功功率、无功功率、功率因数、频率等电气量。

2）开关量的采集。断路器、隔离开关、接地刀闸、重要电源空气开关等。

3）电能计量。电能脉冲计量法、软件计算方法。

（2）事件顺序记录（sequence of events，SOE）。包括断路器跳合闸记录、保护动作顺序记录。

（3）故障记录、故障录波和测距。

1）故障录波与测距。微机保护装置兼作故障记录和测距，采用专用的微机故障录波器。

2）故障记录。记录继电保护动作前后与故障有关的电流量和母线电压。

（4）操作控制功能。操作人员都可通过后台计算机对断路器和隔离开关进行分合操作、对变压器分接开关位置进行调节控制、对电容器进行投切控制。

（5）安全监视功能。越限监视、监视保护装置是否失电、自控装置工作是否正常等。

（6）人机联系功能。

1）人机联系桥梁。CRT 显示器、鼠标和键盘。

2）CRT 显示画面的内容：①显示采集和计算的实时运行参数；②显示实时主接线图；③事件顺序记录；④越限报警；⑤值班记录；⑥历史趋势；⑦保护定值和自控装置的设定值。

3）输入数据。变比、定值、密码等。

（7）打印功能：①定时打印报表和运行日志；②开关操作记录打印；③事件顺序记录打印；④越限打印；⑤召唤打印；⑥抄屏打印；⑦事故追忆打印。

（8）数据处理与记录功能：①主变和输电线路有功和无功功率每天的最大值和最小值以及相应的时间；②母线电压每天定时记录的最高值和最低值以及相应的时间；③计算受配电电能平衡率；④统计断路器动作次数；⑤断路器切除故障电流和跳闸次数的累计数；⑥控制操作和修改定值记录。

二、变电站综合自动化系统控制及信号装置分类

在分层分布式变电站综合自动化系统中，控制及信号装置，或称为间隔层单元，大致可分成以下几类：

（1）保护测控综合装置。也可简称为保护测控装置，一般用于中低压（110kV 以下）系统中，例如输电线路保护测控装置、变压器后备保护测控装置、站用变压器保护测控装置、电容器保护测控装置、电抗器保护测控装置等，它们主要用于完成相应的电气间隔中设备的保护、测量及断路器、隔离开关等的控制以及其他与其对应的电气间隔相关的任务，降低了装置成本并减少了二次电缆使用数量。

对于 110kV 及以上电压等级的高压和超高压间隔，为避免可能受到的干扰，保证保护功能的可靠性，目前仍采用保护和测控功能各自独立配置的模式。

（2）测控装置。测控装置是变电站自动化系统的必要组成部分，主要完成对某一间隔电气量（如电压、电流、温度、压力等）的测量、控制（包括断路器、隔离开关、接地开关、有载调压变压器分接头调节等）及其他与其对应的电气间隔相关的任务，它面向的对象主要是断路器或变压器本体等。

（3）保护装置。主要完成对某一间隔设备的保护任务，如输电线路保护装置、变压器保护装置、母线保护装置、断路器保护装置、短引线保护装置等。

（4）公用间隔层装置。在变电站中有一些公共信号及其测量值，如直流系统故障信号、直流屏交流失压、所用电切换信号、所用电失压、控制电源故障、合闸电源故障、控

制母线故障、合闸母线故障、通信故障信号、通信电源故障、火灾报警控制回路故障信号、火灾报警动作信号、保安报警信号等，需要一个或几个公共间隔层装置来进行相关信息的采集和处理。对于这类公共间隔层装置，不同的厂家有着不同的配置，可以集中到一个或几个公共测控装置处理，也可分散到其他测控装置中完成。

（5）自动装置。如备用电源自动投入装置、电压无功控制装置等。

（6）操作切换装置以及其他的智能设备和附属设备。

测控装置和微机保护装置实现的功能虽然各不相同，但在输入/输出接口电路和CPU逻辑运算模块等硬件回路设计上存在很多共同点，两者的差异更多地体现在软件层面。随着CPU运算能力和超大规模集成电路制造水平的不断提高，保护和测控功能相互融合是大势所趋。随着技术的进步，保护测控合一装置也将逐步在高压、超高压电气间隔得到应用。

三、变电站综合自动化系统控制及信号装置工作方式

（一）微机保护与测控装置的工作方式

微机保护是根据所需功能配置的，也就是说，不同的电力设备配置的微机保护是不同的，但各种微机保护的工作方式是类似的。一般而言，可以将这个方式概括为"开入"与"开出"两个过程。事实上，整个变电站自动化系统的所有设备几乎都是以这两种模式工作的，只是开入与开出的信息类别不同。

微机测控与微机保护的配置原则完全不同，它是对应于断路器配置的，所以几乎所有的微机测控的功能都是一样的，区别仅在于其容量的大小。如上所述，微机测控的工作方式也可以概括为"开入"与"开出"两个过程。

1. 开入

微机保护和微机测控的开入量都分为两种：模拟量和数字量。

（1）模拟量的开入。微机保护需要采集电流和电压两种模拟量进行运算，以判断其保护对象是否发生故障。变电站配电装置中的大电流和高电压必须分别经电流互感器和电压互感器变换成小电流、低电压，才能供微机型保护装置使用。

微机测控开入模拟量除了电流、电压（包括它们的相位）外，有时还包括温度量、直流量等。微机测控开入模拟量的目的主要是获得其数值，同时也进行简单的计算以获得功率等电气量数值。

（2）数字量的开入。数字量也称开关量，它是由各种设备的辅助接点通过"开/闭"转换提供的，只有两种状态，也称为"硬接点"开入。微机保护对外部数字量的采集一般只有"闭锁条件"一种，这个回路一般为弱电回路（直流24V）。这是针对110kV及以下电压等级的设备而言，对于220kV设备而言，由于配置两套保护装置，两套保护装置之间的联系较为复杂。

微机测控对数字量的采集主要包括隔离开关及地刀位置、断路器机构信号等。这类开关量的触发装置（即辅助开关）一般在距离主控室较远的地方，为了减少电信号在传输过程中的损失，通常采用直流220V的强电系统进行传输。同时，为了避免强电系统对弱电系统形成干扰，在进入微机运算单元前，需要使用光耦单元对强电信号进行隔离，转变成

弱电信号。

2. 开出

对微机保护而言，开出是指微机保护根据自身采集的信息，加以运算后对被保护设备目前的状况作出的判断，以及针对此状况作出的反应，主要包括操作指令、信号输出等反馈行为。之所以说是反馈行为，是因为微机保护的动作永远都是被动的，即受设备故障状态激发而自动执行的。

对微机测控而言，微机测控的开出指的是对断路器、电动隔离开关及地刀发出的操作指令。与微机保护不同的是，微机测控不会产生信号，而且其操作指令也是主动的，即人工发出的。

（1）操作指令。一般来讲，微机保护只针对断路器发出操作指令，对线路保护而言，这类指令只有两种："跳闸"或者"重合闸"；对主变保护、母线差动保护而言，这类指令只有一种："跳闸"。在某些情况下，微机保护会对一些电动设备发出指令，如"主变温度高启动风机"会对主变风冷控制箱内的风机控制回路发出启动命令；对其他微机保护或自动装置发出指令，如"母线差动动作闭锁线路重合闸""母线差动动作闭锁备自投"等。微机保护发出的操作指令属于"自动"范畴。

微机测控发出的操作指令可以针对断路器和各类电动机构，这类指令也只有两种，对应断路器的"跳闸""合闸"或者对应电动机构的"分""合"。微机测控发出的操作指令属于"手动"范畴，也就是说，微机测控的操作指令必然是人为作业的结果。

（2）信号输出。微机保护输出的信号只有两种："保护动作""重合闸动作"。至于"装置断电"等信号属于装置自身故障，严格意义上不属于"保护"范畴。

微机测控不产生信号。严格意义上讲，微机测控也输出信号，它会将采集的开关量信号进行模式转换后通过网络传输给监控系统，起到单纯的转接作用。这里所说的"不产生信号"，是相对于微机保护的信号产生原理而言的。

（二）操作箱的工作方式

操作箱内安装的是针对断路器的操作回路，用于执行微机保护、微机测控对断路器发出的操作指令。操作箱的配置原则与微机测控是类似的，即对应于断路器，一台断路器有且只有一台操作箱。一般来讲，在同一电压等级中，所有类型的微机保护配备的操作箱都是一样的。在110kV及以下电压等级的二次设备中，由于操作回路相对简单，目前已不再设置独立的操作箱，而是将操作回路与微机保护整合在一台装置中。但是需要明确的是，尽管在一台装置中有一定的电气联系，但是操作回路与保护回路在功能上是完全独立的。

（三）自动装置的工作方式

变电站内最常见的自动装置就是备自投装置，此外还有低周减载装置等。自动装置的功能主要是为了维护整个变电站的运行，而不是像微机保护一样针对某一个间隔，例如备自投主要是为了防止全站失压而在失去工作电源后自动接入备用电源，低周减载是为了防止因负荷大于电厂出力造成频率下降导致电网崩溃而按照事先设定的顺序自动切除某些负荷。

（四）微机保护、测控与操作箱的联系

对一个含断路器的设备间隔，其二次系统需要三个独立部分来完成：微机保护、微机测控、操作箱。这个系统的工作方式有以下三种：

（1）在后台机上使用监控软件对断路器进行操作时，操作指令通过网络触发微机测控里的控制回路，控制回路发出的对应指令通过控制电缆到达微机保护里的操作箱，操作箱对这些指令进行处理后通过控制电缆发送到断路器机构的控制回路，最终完成操作。动作流程为：微机测控—操作箱—断路器。

（2）在测控屏上使用操作把手对断路器进行操作时，操作把手的接点与微机测控里的控制回路是并联的，操作把手发出的对应指令通过控制电缆到达微机保护里的操作箱，其后与以上叙述相同。使用操作把手操作也称为强电手操，它的作用是防止监控系统发生故障时（如后台机"死机"等）无法操作断路器。所谓"强电"，是指操作的启动回路在直流 220V 电压下完成，而使用后台机操作时，启动回路在微机测控的弱电回路中。动作流程为：操作把手—操作箱—断路器。

（3）微机保护在保护对象发生故障时，根据相应电气量计算的结果作出判断并发出相应的操作指令。操作指令通过装置内部接线到达操作箱，其后与以上叙述相同。动作流程为：微机保护—操作箱—断路器。

微机测控与操作把手的动作都是需要人为操作的，属于"手动"操作；微机保护的动作是自动进行的，属于"自动"操作。操作类型的区别对于某些自动装置、连锁回路的动作逻辑是重要的判断条件。

110kV 电压等级的微机保护、测控与操作箱以前一般是三个独立的装置，现在许多厂家开始将微机保护与操作箱合为一体。以 110kV 线路保护为例，各公司设备配置大体相同。从组屏方案上来看，微机保护安装在 110kV 线路保护屏上，微机测控安装在 110kV 线路测控屏上；保护屏上还安装有信号复归按钮，测控屏上还安装有操作把手及切换把手。对 35/10kV 电压等级的设备，微机保护、测控与操作箱一般会整合成一个装置。

四、变电站综合自动化系统控制及信号装置的其他操作回路

变电站综合自动化系统控制及信号装置操作回路是二次回路的基本回路，110kV 操作回路构成该回路的基本结构，220kV 操作回路也是在该回路上发展而来的，同时保护的微机化也是将传统保护的电气量、开关量进行逻辑计算后交由操作回路，因此微机保护仅仅是将传统的操作回路小型化，板块化。鉴于前面的任务已讲述了 110kV 断路器、隔离开关（包括接地刀闸）的控制回路，这里不再重述。下面就讲解 110kV 其他的操作回路。

1. 母线差动保护上线路刀闸位置信号回路

母线差动保护需要判断该间隔运行在哪段母线上，一般采用该间隔的刀闸位置继电器，如图 2-15 所示。

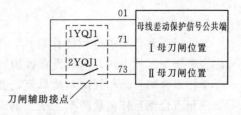

图 2-15 线路刀闸位置信号

2. 失灵启动母线差动回路

在 220kV 线路等保护中，还专门装设有失灵保护，失灵保护最核心的功能是提供一组过电流动作接点。如图 2 - 16 所示，在间隔发生故障时候本保护跳闸出口接点 TJ2 动作，故障电流同时使失灵保护的 LJ 也动作，这样失灵启动母线差动保护。若本保护在母线差动保护动作之前把故障切除，则 TJ2、LJ 都返回，母线差动保护复归，否则，母线差动保护将延时出口对应该间隔的母线差动保护跳闸接点对其跟跳。若跟跳后该故障还存在，则母线差动保护上所有间隔的出口接点全部动作（有些母线差动保护没有跟跳功能）。

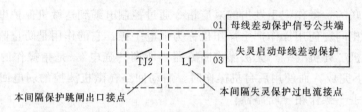

图 2 - 16　失灵启动母线差动回路

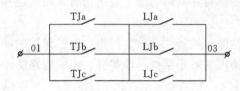

图 2 - 17　分相操作的失灵
启动母线差动回路

在 220kV 系统中，由于是分相操作，分别提供三相接点，使用时应将三相接点并联，如图 2 - 17 所示。

3. 三相不一致保护

在有些失灵保护中还提供了不一致保护功能，不一致又称非全相，反映在断路器处于单相或两相运行的情况下是否要把运行相跳开。如图 2 - 18 所示。

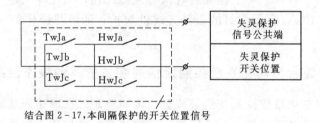

结合图 2 - 17,本间隔保护的开关位置信号

图 2 - 18　断路器三相不一致保护启动回路

只要断路器三相不全在跳闸位置或者合闸位置，非全相保护都要启动，经定值整定是否跳闸。

4. 综合重合闸回路

220kV 断路器属于分相操作机构，因此重合闸就分停用、单相重合闸、三相重合闸和综合重合闸四种方式，由装设在保护屏的重合闸把手开关人工切换。

单相重合闸：单相故障单跳单重，多相故障三跳不重。

三相重合闸：任何故障都三跳三重。

综合重合闸：单相故障单跳单重，多相故障三跳三重。

停用：单相故障单跳不重，多相故障三跳不重。

注意，选择停用方式时，仅仅是将该保护的重合闸功能闭锁，而不是三跳，这是因为220kV线路是双保护配置，一套重合闸停用，另一套重合闸可能是在单相重合闸方式下运行，所以本保护不能够三跳。如果重合闸全部停用，为了保证在任何故障情况下都三跳，必须把"勾通三跳压板"投上（对于220kV旁路开关只有一套保护，所以要停用重合闸就必须先将"勾通三跳压板"投入）。整个回路如图2-19所示。

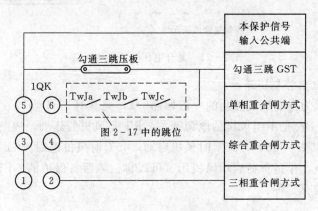

图2-19 综合重合闸回路

勾通三跳信号闭锁了重合闸，相当于把重合闸放电，切换在单重方式时引入断路器跳位接点是为了当断路器三跳时也能闭锁重合。

在220kV断路器的操作回路中，还设有跳闸R端子和跳闸Q端子。它们是为外部其他保护对本断路器跳闸出口接点而设计的。跳闸后要启动重合闸的其他保护出口接点接Q端子，跳闸后将重合闸闭锁的接R端子（如母线差动保护跳闸）。在110kV断路器操作回路中与其对应的是保护跳闸和手动跳闸端子。

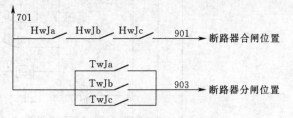

图2-20 断路器位置信号回路

5. 断路器位置信号

分相操作机构断路器必须三相都合上才能算是处于合闸位置，只要有一相断路器跳开就属于分闸状态，因此HwJ、TwJ分别是串联、并联方式来发信号。如图2-20所示。

6. 复合电压并联启动

复合电压是指不对称故障时的负序电压和三相故障时的低电压。在运行中，若负序电压大于整定值或低电压低于整定值，复压元件UB启动。复合电压主要用于主变的后备保护。

复合电压并联启动是指人工投入压板或由主变其他侧的复压元件来满足本侧的复压条件，如图2-21所示，以主变高压侧后备保护为例。

复合电压并联主要是考虑到在容量比较大的变压器一侧发生故障，其他侧的电压变化不大，此时其他侧后备保护可能因为复压条件不满足而复合电压过电流元件不能动作。

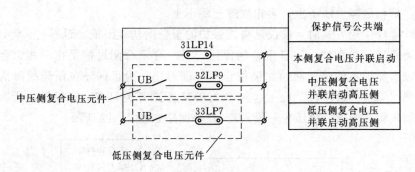

图 2-21 复合电压并联启动回路

7. 主变风冷电机控制回路

图 2-22 所示为主变风机控制的一般回路。ZK 是选择"自动"/"手动"把手开关，C 是交流接触器，BK 是单组风机的电源开关，RT 是风机的热耦，WJ 是主变温度计，一般设计为两个值 45℃ 和 55℃，55℃ 时风机启动，45℃ 时风机返回。GFH 是主变后备保护提供的过负荷接点，作过负荷启动风机用（可以将三侧后备保护的 GFH 接点并联使用）。因此风机启动方式有三种：

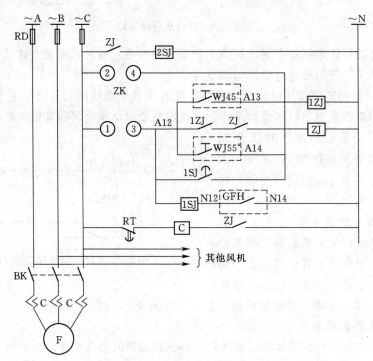

图 2-22 主变风冷电机控制回路

（1）手动启动方式。ZK 的 2、4 直接启动 ZJ，ZJ 启动 C。

（2）温度启动方式。ZK 的 1、3 接通，温度超过 45℃ 时 1ZJ 动作，超过 55℃ 时 ZJ 动作，1ZJ 与 ZJ 的接点对 ZJ 线圈自保持，一直需要温度下降到 45℃ 以下，1ZJ 断开时才返回。

（3）过负荷启动方式。主变过负荷时，启动时间继电器 1SJ，延时启动 ZJ。

2SJ 的作用是延时报风机故障信号，如图 2-23 所示。

补充：220kV 主变风机启动方式与 110kV 主变原理完全一致。主要区别有两点：

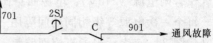

图 2-23 风机故障延时报警信号回路

（1）220kV 主变温度计提供两组温度启动接点，各台风机可以根据事先把手开关设定的"温度Ⅰ"或"温度Ⅱ"在不同的温度逐一投入。

（2）把手开关还设有"辅助"档，当运行的风机因故停止工作时，把手开关在"辅助"档，风机将自动投入运行。

因为 220kV 主变风机控制二次回路比较复杂，这里就不再画出，需要时可以参考厂家提供的图纸。

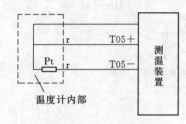

图 2-24 主变测温回路

8. 主变测温回路

主变测温常用的是 Pt100 电阻，测温原理如图 2-24 所示。这种方式测温对 Pt100 电阻的精确度要求较高，就是导线上的电阻影响也必须考虑，所以设计了 T05＋的补偿回路，根据补偿，就能够获得 Pt 上的压降，再计算出 Pt 的电阻，最后对照 Pt100 的温度和电阻的特性就能够得到主变的温度。

9. 有载调压机构

S6 "1→N"升压极限位置开关，在最高档断开。

S7 "N→1"降压极限位置开关，在 1 档断开。

图 2-25 是有载调压机构的示意简图。升压时按钮 S1 动作，K1 闭合，电机 M 正相序转动，调压机构升档，降压时 S2 动作，K2 闭合，电机 M 反相序转动，调压机构降档。紧急停止时 S3 闭合，Q1 动作断开操作回路。主变后备保护在过电流时候，BTYJ 动作，闭锁调压。

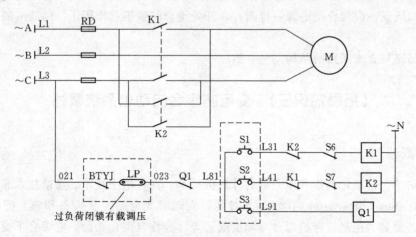

图 2-25 变压器有载调压机构调压回路

57

10. 交直流电源回路

断路器需要交流电源作柜内照明、加热的电源，需要直流电源作电机储能（220V）或者作合闸电源（240V）。电源回路比较简单，这里只简单介绍一下。

每个一次电源等级相同的间隔用一条主线路，主线路把所有该等级间隔的端子箱串联起来，图 2-26 表示出了直流回路是一个手拉手的合环回路，每个端子箱都有一个开环的刀闸，这样某个机构要停止供电时只需要断开其和旁边某一侧端子箱的刀闸即可，而不影响其他机构的正常供电，在主线路上已经有直流屏的出线保险（1RD、2RD），所以只能是安装刀闸不能是可熔保险或者空气开关。但是在到机构箱去的分支线路中还必须有可熔保险或者空气开关。

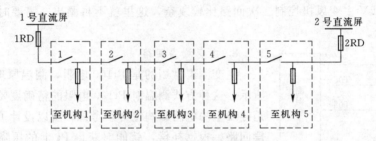

图 2-26 直流电源回路

这里要说明一下合闸电源和储能电源的不同点，在以往的开关中，多是由操作电源动作接触器，接触器的大容量接点接通合闸电源，开关的合闸线圈瞬间通过冲击大电流产生巨大磁场，线圈中的铁芯动作带动开关动触头连杆，把开关合上，所以合闸电缆都比较粗，用 $2 \times 30 mm^2$ 以上的铝芯电缆，在合闸瞬间直流屏受到的冲击影响也比较大。现在的弹簧操作机构开关，都是事先由储能电源将合闸弹簧储能，合闸时操作电源通过合圈，合圈中的铁芯顶开固定弹簧的棘爪，弹簧瞬间释放能量，由这个弹簧的弹性势能能去推动连杆将动触头合上。

通过比较合闸电源和储能电源的不同，因工作需要断开运行开关的合闸电源必须经过调度部门的同意，因为合闸电源一旦断开，开关重合闸就不起作用了。储能电源不存在这个缺陷。

交流回路与直流回路的结构完全一致。

【拓展知识三】 变电站综合自动化系统概述

一、概述

变电站综合自动化是指利用先进的计算机技术、现代电子技术、通信技术和数字信号处理（data signal processing，DSP）等技术，实现对变电站主要设备和输、配电线路的自动监视、测量、控制、保护以及与调度通信等综合性自动化功能。它综合了变电站内除交直流电源以外的全部二次设备功能。电力系统进行的农网改造、城网改造对于变电站二次系统的改造，主要是以综合自动化系统替换原有的常规二次系统。变电站综合自动化是一项提高变电站安全、可靠稳定运行水平，降低运行维护成本，提高经济效益，向用户提供高质量电能服务的一项措施。随着"两网"改造的深入和电网运行水平的提高，采用变电站综合自动化技术是计算机和通信技术应用的方向，也是电网发展的趋势。

二、变电站综合自动化系统的基本结构及特点

1. 集中式结构

集中式一般采用功能较强的计算机并扩展其 I/O 接口，集中采集变电站的模拟量和数字量等信息，集中进行计算和处理，分别完成微机监控、微机保护和自动控制等功能。由前置机完成数据输入输出、保护、控制及监测等功能，后台机完成数据处理、显示、打印及远方通信等功能。此类结构对监控主机的性能要求较高，且系统处理能力有限，开发手段少，系统在开放性、扩展性和可维护性等方面较差，抗干扰能力不强，该结构在早期自动化系统中应用较多，目前国内许多的厂家尚属于这种结构方式。

2. 分布式结构

按变电站被监控对象或系统功能分布的多台计算机单功能设备，将它们连接到能共享资源的网络上实现分布式处理。其结构的最大特点是采用主、从 CPU 协同工作方式，各功能模块如智能电子设备（intelligent electronic device，IED）之间采用网络技术或串行方式实现数据通信，将变电站自动化系统的功能分散给多台计算机来完成。各功能模块，通常是多个 CPU 之间采用网络技术或串行方式实现数据通信，选用具有优先级的网络系统，较好地解决了数据传输的瓶颈问题，提高了系统的实时性。

分布式结构方便系统扩展和维护，局部故障不影响其他模块正常运行。该模式在安装上可以形成集中组屏或分层组屏两种系统组态结构，较多地使用于中、低压变电站。分布式变电站综合自动化系统自问世以来，显示出强大的生命力。但目前，还存在抗电磁干扰、信息传输途径及可靠性保证上的问题等。

3. 分层分布式结构

分层分布式结构系统从逻辑上将变电站自动化系统划分为两层，即变电站层和间隔层；也可分为三层，即变电站层、间隔层和过程（设备）层。如图 2-27 所示。

"分布"体现在"功能的分布化"上，也就是对智能电子设备的设计理念上由集中式自动化系统中的面向厂、站转变为面向对象（一次设备的一个间隔）。分布式结构方便系统扩展和维护，局部故障不影响其他模块正常运行。

（1）变电站层主要由监控主机、监控从机、上级调度远动服务器等设备组成。

监控主机包括操作系统、数据库系统和应用软件，是数据收集、处理、存储及控制的中心，可兼作操作员站，同时提供友好的人机对话界面。

监控从机 1 可设为操作员工作站，包括操作系统和应用软件，从主机数据库调用数据。提供友好的人机对话界面，以实现变电站的运行监视和控制。

监控从机 2 可设为工程师工作站，主要为监控系统维护人员使用，具备对站内设备进行状态检查、参数整定、调试检验及数据库的修改等功能。

上级调度远动服务器直接从网络层采集间隔层和通信规约转换接口的数据，处理后，按照调度端的远动通信规约，实现与调度自动化的数据交换。

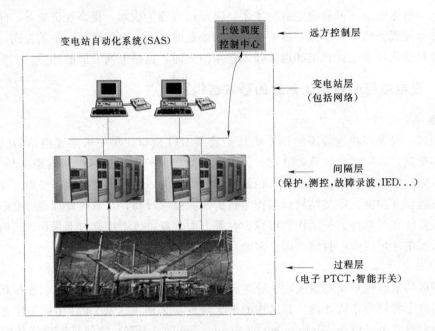

图 2-27 变电站综合自动化系统分层分布式结构

GPS 对时系统接收全球卫星定位系统 GPS 的标准授时信号，对站内计算机监控系统和继电保护等有关设备的时钟进行校正，保证全站时钟的一致性。

（2）间隔层的构成及功能。间隔层主要包括继电保护及自动装置、测控装置及其他智能设备（如站内交直流电源管理设备、电度表等）。

110kV 及以上电压等级的设备按电气设备间隔配置保护装置及测控单元，35kV 及以下设备采用保护、测控一体化装置。

间隔层采集和处理一、二次设备的测量和状态信息，通过网络传给变电站层设备监控主机和远动服务器，同时接受变电站层发出的命令。间隔层也可独立完成对断路器和隔离开关等设备的控制操作。间隔层构成方式如下：

1）分布集中式。把保护、测控装置按功能组装成多个屏，例如：主变保护屏、主变测控屏、线路保护屏等，集中安装在主控室中。

2）分布分散式。35kV/10kV 保护、测控一体化装置安装于一次高压开关柜。

（3）过程层的构成及功能。过程层是一次设备与二次设备的结合面，或者说过程层是指智能化电气设备的智能化部分。过程层的主要功能分三类：①电力运行实时的电气量检测；②运行设备的状态参数检测；③操作控制执行与驱动。

变电站层与间隔层间传送或交换的基本信息包括：测量及状态信息；操作信息；参数信息。

网络的连接方式就是网络的拓扑结构。网络传输介质，一般采用屏蔽双绞线、同轴电缆、光缆。目前，变电站监控系统主要采用串行数据总线、现场总线和工业以太网等。

分层分布式结构具有以下特点：可靠性高，任意部分设备故障只影响局部；可扩展性和开放性较高,利于工程的设计及应用;以电气间隔为对象,实现面对对象设计;继电保护相对独立。

三、变电站综合自动化系统应能实现的功能

1. 微机保护

微机保护是对站内所有的电气设备进行保护,包括线路保护、变压器保护、母线保护、电容器保护及备自投、低频减载等安全自动装置。各类保护实现故障记录、存储多套定值、适合当地修改定值等功能。

2. 数据采集

(1) 状态量采集。状态量包括:断路器状态,隔离开关状态,变压器分接头信号及变电站一次设备告警信号等。目前这些信号大部分采用光电隔离方式输入系统,也可通过通信方式获得。保护动作信号则采用串行口(RS-232 或 RS-485)或计算机局域网通过通信方式获得。

(2) 模拟量采集。常规变电站采集的典型模拟量包括:各段母线电压,线路电压,电流和功率值。馈线电流,电压和功率值,频率,相位等。此外还有变压器油温,变电站室温等非电量的采集。模拟量采集精度应能满足监控和数据采集(supervisory control and data aquisition,SCADA)系统的需要。

(3) 脉冲量。脉冲量主要是脉冲电度表的输出脉冲,也采用光电隔离方式与系统连接,内部用计数器统计脉冲个数,实现电能测量。

3. 事件记录和故障录波测距

事件记录应包含保护动作序列记录,开关跳合记录。其 SOE 分辨率一般在 1～10ms,以满足不同电压等级对 SOE 的要求。变电站故障录波可根据需要采用两种方式实现:一种是集中式配置专用故障录波器,并能与监控系统通信;另一种是分散型,即由微机保护装置兼作记录及测距计算,再将数字化的波形及测距结果送监控系统由监控系统存储和分析。

4. 控制和操作闭锁

操作人员可通过 CRT 屏幕对断路器、隔离开关、变压器分接头、电容器组投切进行远程操作。为了防止系统故障时无法操作被控设备,在系统设计时应保留人工直接跳合闸手段。操作闭锁应具有以下内容:①电脑五防及闭锁系统;②根据实时状态信息,自动实现断路器、刀闸的操作闭锁功能;③操作出口应具有同时操作闭锁功能;④操作出口应具有跳合闭锁功能。

5. 同期检测和同期合闸

该功能可以分为手动和自动两种方式实现。可选择独立的同期设备实现,也可以由微机保护软件模块实现。

6. 电压和无功的就地控制

无功和电压控制一般采用调整变压器分接头,投切电容器组、电抗器组,同步调相机等方式实现。操作方式可手动可自动,人工操作可就地控制或远程控制。

无功控制可由专门的无功控制设备实现,也可由监控系统根据保护装置测量的电压、

无功和变压器抽头信号通过专用软件实现。

7. 数据处理和记录

历史数据的形成和存储是数据处理的主要内容，它包括上一级调度中心，变电管理和保护专业要求的数据，主要有：①断路器动作次数；②断路器切除故障时截断容量和跳闸操作次数的累计数；③输电线路的有功、无功，变压器的有功、无功、母线电压定时记录的最大、最小值及其时间；④独立负荷有功、无功，每天的峰、谷值及其时间；⑤控制操作及修改整定值的记录，根据需要，该功能可在变电站当地全部实现，也可在远动操作中心或调度中心实现。

8. 系统的自诊断功能

系统内各插件应具有自诊断功能，自诊断信息也像被采集的数据一样周期性地送往后台机和远方调度中心或操作控制中心。

9. 与远方控制中心的通信

本功能在常规远动"四遥"的基础上增加了远方修改整定保护定值、故障录波与测距信号的远传等，其信息量远大于传统的远动系统。根据现场的要求，系统应具有通信通道的备用及切换功能，保证通信的可靠性，同时应具备与多个调度中心不同方式的通信接口，且各通信接口及 MODEM 应相互独立。保护和故障录波信息可采用独立的通信与调度中心连接，通信规约应适应调度中心的要求，符合国标及 IEC 标准。

10. 防火、保安系统

从设计原则而言，无人值班变电站应具有防火、保安措施。

四、变电站综合自动化系统的现状及发展

变电站综合自动化在一些新建变电站的运行中表明，其技术先进、结构简单、功能齐全、安全可靠，经过十多年的发展已经达到一定的水平。在我国城乡电网改造与建设中不仅中低压变电站采用了自动化技术实现无人值班，而且在 220kV 及以上的超高压变电站建设中也大量采用自动化新技术，从而大大提高了电网建设的现代化水平，增强了输、配电和电网调度的可能性，降低了变电站建设的总造价。

项目三　测量及监察系统检查

任务一　10～35kV 母线电压互感器电压回路检查

一、操作步骤

1. 检查电压互感器各绕组接线极性正确

电压互感器极性的标注方法如图 3-1 所示。一次绕组的首尾分别为 A、X，二次绕组的首尾分别为 a、x，A 与 a 为一、二次电压的同极性端。电压互感器一、二次电压的正方向通常规定为：U_1 的正方向从 A 指向 X，U_2 的正方向从 a 指向 x。这种规定也是遵循了减极性原则。其一、二次电压的相量图如图 3-1 (b) 所示。

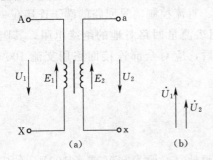 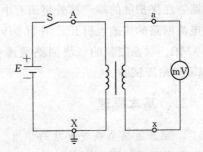

图 3-1　电压互感器极性的标注方法
和一、二次电压的相量图
(a) 极性的标注方法；(b) 一、二次电压的相量图

图 3-2　电压互感器极性
测试的试验接线

电压互感器极性测试的试验接线如图 3-2 所示。电池的正极经开关 S 接于电压互感器一次侧的 A 端，负极接于大地（电压互感器一次侧的 X 端是接地的）。直流毫伏表的正极接于二次绕组的 a 端，负极接于二次绕组的 x 端。

当合开关 S 的瞬间，直流毫伏表指针向正方向摆动，断开 S 时，指针向负方向摆动，说明电压互感器的 A、a 为同极性端；反之则相反。

这里需要说明的是，对于 110kV 及以上的电容式电压互感器，在现场进行极性检测难以实现，只能以制造厂所标示的端子符号及出厂试验报告为准。

2. 检查电压互感器各绕组接线变比正确

电压互感器变比测试由高压专业人员用专用的变比测试仪试验。

3. 检查电压互感器各绕组模拟量采集回路的正确性

交流电压回路采用外加试验电压的方法来检查其回路的正确性。在电压互感器的各二次绕组分别加入额定电压，逐个检查各二次回路所连接的保护装置、自动装置、测控装置中的电压相别、相序、数值是否与外加的试验电压一致。试验可以在各装置的显示窗口监测，也可以用万用表测量。在做此项试验时，要特别注意做好防止电压互感器二次向一次反供电的安全措施，检查电压互感器二次绕组分配应与设计图纸一致。

电压互感器二次回路挂标示牌标明走向及用途，电压互感器屏等电压二次回路接线端子编号套应标明电压回路编号并与设计图纸相符。二次电缆截面满足误差要求，按要求把保护用电缆与计量用电缆分开。对于新建的电压互感器，要求在电压互感器二次回路进行通电压试验，检查各组别、相别是否正确，检查电压回路接线的正确性。

4. 绝缘检查

在二次回路的安装接线过程中，可能造成控制电缆或二次线绝缘损坏，因此在二次回路安装接线结束后，必须进行二次回路的绝缘检测和耐压试验。运行中的二次回路，受环境的影响或外力破坏，也有绝缘受损的可能，所以在定期检验中也必须进行绝缘检测。

在《继电保护及电网安全自动装置检验条例》中规定了有关二次回路的绝缘检查方法。对新安装的二次回路，在保护屏的端子排处将所有外部引入的回路及电缆全部断开，分别将电流、电压、直流控制信号回路的所有端子各自连接在一起，用1000V绝缘电阻表测量各回路对地和各回路相互间的绝缘电阻，其阻值应大于10MΩ。对定期检验的二次回路，在保护屏的端子排处将所有电流、电压、直流控制信号回路的端子连接在一起，并将电流回路的接地点拆开，用1000V绝缘电阻表测量回路对地的绝缘电阻，其阻值应大于1MΩ。对新安装的二次回路绝缘检验合格后，应对全部连接回路用交流1000V进行1min的耐压试验。

二、基本原理

1. 电压互感器在变电站的作用

电压互感器可以将高电压成比例地变换为较低（一般为57V或者100V）的电压，母线电压互感器的电压采用星形接法，一般采用57V绕组，母线电压互感器零序电压采用100V绕组三相串接成开口三角形。线路电压互感器一般装设在线路A相，采用100V绕组。也有些线路电压互感器只有57V，只是需要在同期系统中将手动同期合闸参数中的100V改为57V。电压互感器磁通是由与电压互感器并联的交流电压回路的电流建立的，电压互感器二次回路相当于开路，只有一次侧极小的励磁电流产生的磁通感生的二次电压，因此二次电压很低。

2. 母线电压互感器的实际接线图

在变电站10～35kV每段母线线上都接有一组电压互感器用来测量该段母线的电压。电压互感器的二次一般有三个绕组：一组为保护和测量共用的，准确度级为0.5级，其每相电压57V，线电压100V；一组为计量专用的，准确度级为0.2级，其每相电压57V，线电压100V；另一组为保护专用的准确度，级为3P级，它三相头尾相连组成零序电压滤过器，提供保护所需的零序电压，其每相电压为33V，当系统发生单相接地时，它提供的 $3U_0 = 100V$。每段母线的电压互感器装在一个开关柜中。

图3-3是10～35kV电压互感器一、二次接线图。高压熔断器置于小车中，小车的插接主触头相当于电压互感器的隔离开关，电压互感器置于开关柜中。电压互感器的二次

回路从二次绕组的接线柱上引出，经各相空气开关接到端子排，再从端子排接到电压并列装置。在电压并列装置中，先经过电压互感器投入控制1YQJ（或2YQJ）触点，再引到对应的交流电压小母线，保护、测量、计量装置需要接交流电压的，均从此电压小母线引出。这里所接的1YQJ（或2YQJ）触点相当于电压互感器隔离开关的辅助触点，是为了防止电压互感器二次向一次反供电。所接的空气开关在交流电压回路作为控制和保护用，当交流电压回路发生接地或短路时，空气开关能作为保护自动跳闸。

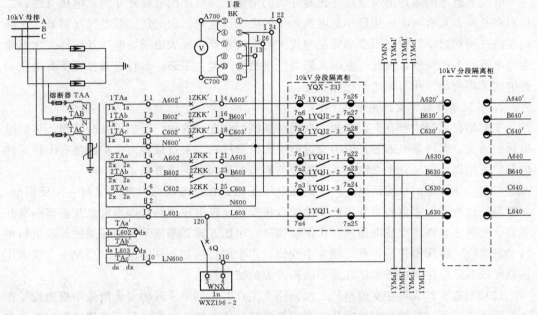

图3-3　10～35kV电压互感器一、二次接线图

图3-3中，回路编号A630J、B630J、C630J是Ⅰ段计量回路电压小母线，供电能表专用；回路编号A630、B630、C630、L630、N600是Ⅰ段保护测量回路电压小母线；当用于第Ⅱ段电压小母线时，相应的630改为640即可。

3.保护测控装置的交流电压回路的接线

图3-4是10～35kV线路选用CSC-211型保护测控装置的交流电压回路接线图。图中保护和测量的交流电压共用一组电压小母线，它所接的电压互感器二次绕组准确度级为

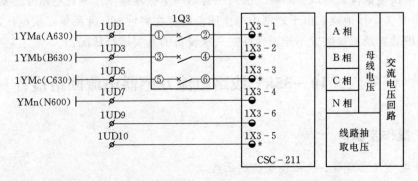

图3-4　CSC-211型保护测控装置交流电压回路接线图

0.5 级，从该线路所接母线的电压互感器二次绕组引入，如Ⅰ段母线引自 1YM(630) 的一组电压小母线，Ⅱ段母线引自 2YM(640) 的一组电压小母线。小电流接地选线所用的零序电压引自电压互感器开口三角绕组 L630 或 L640 回路。

三、故障处理

1. 电压互感器二次回路短路

电压互感器磁通是由与电压互感器并联的交流电压产生的电流建立的，电压互感器二次回路开路，只有一次电压极小的电流产生的磁通产生的二次电压。若电压互感器二次回路短路，则相当于一次电压全部转化为极大的电流而产生极大磁通，电压互感器二次回路会因电流极大而烧毁，因此，电压互感器二次绕组不允许短路。运行必须保证所有电压回路的端子相与相、相与地之间绝缘良好。

2. 电压互感器二次回路断线

变电站在运行中常有交流电压二次回路断线的情况。这种情况如不及时处理，将给继电保护的安全运行带来威胁，因为交流电压回路断线很容易造成距离保护或接有阻抗元件的保护发生误动作。发生交流电压二次回路断线的原因有两个方面：

（1）交流电压的二次回路。为了防止电压互感器在停电检修时其二次向一次反供电，一般都经过电压互感器隔离开关的辅助触点来控制交流电压回路。即当电压互感器隔离开关在合闸时才允许将交流电压的二次回路接通。电压互感器隔离开关的辅助触点也是机械传动的部件，多次操作后，有可能发生变位，产生触点接触不良的情况。当发生交流电压回路断线时，应注意检查电压互感器隔离开关的辅助触点。

（2）当有工作人员在交流电压二次回路上工作时，如果采取的安全措施不得当或工作人员不小心，很容易发生交流电压二次回路的接地或短路，造成电压互感器二次回路的空气小开关跳闸，使交流电压二次回路断线。针对这种情况，当有工作人员在交流电压二次回路上工作时，要注意制定完备的安全措施，加强对工作人员的监护。当发生电压互感器二次回路的空气小开关跳闸时，要立即合上，使保护装置失去交流电压的时间尽可能短。

3. 电压互感器二次回路多点接地

电压互感器二次侧有且只能有一个接地点，以保护二次回路不受高电压的侵害，二次接地点选在主控室母线电压电缆引入点，由 YMn 小母线专门引一条半径至少 2.5mm 永久接地线至接地铜排。电压互感器二次只能有这一个接地点（严禁在电压互感器端子箱接地），如果有多个接地点，由于地网中电压压差的存在将使电压互感器二次电压发生变化，使继电保护装置及测量装置不能正确反映一次设备的真实运行状况。

任务二 10～35kV 线路电流互感器电流回路检查

一、操作步骤

1. 检查电流互感器各绕组接线极性正确

电流互感器在进行检验前，应先核对其铭牌参数是否与设计一致，主要核对变比、容量、准确度级别、二次绕组及抽头数量、暂态热稳定倍数等，还要检查电流互感器的实际安装位置是否与设计一致。电流除了要对设备本身进行变比误差、角度误差、励磁特性等项目的试验外，为保证其二次接线正确，还要进行极性检验。互感器的极性确定原则是按减极性原则规定的，即当一次电流从某一次接线端子流入，感应产生的二次电流从某二次接线端子流出，则规定这两个端子为同极性端，用"*"来表示。

图 3-5 是电流互感器极性的标注方法和一、二次电流的相量图。图中一次端子 L1 和二次端子 K1 为同极性端。一次电流 I_1 和二次电流 I_2 同方向。

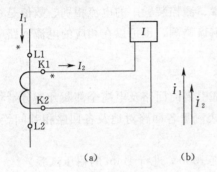

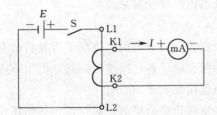

图 3-5　电流互感器极性的标注
方法和一、二次电流的相量图
（a）极性的标注方法；（b）一、二次电流相量图

图 3-6　电流互感器极性
测试的试验接线

电流互感器极性测试的试验接线如图 3-6 所示。电流互感器一次绕组通过开关 S 接入一组电池，二次绕组接入直流毫安表。当开关 S 闭合的瞬间，如直流毫安表指针向正方向摆动，则电池正极所接一次端子 L1 与直流毫安表正极所接二次端子 K1 为同极性端子，反之则为非同极性端子。在现场试验时，应根据电流互感器变比的不同，选择不同的直流电源或微安表、毫伏表等。对大型变压器的套管电流互感器，则提高试验电压至 24V 或 36V。有时因回路阻抗大，需将变压器低压绕组临时短接才能测定。

需要指出的是，这里所说的电流互感器的极性是一个相对的概念。对于电流互感器有两种不同的确定极性的方法。以往的小型或终端变电站，为了不使单向指针式功率表和感应型电能表反转，安装时以负荷潮流方向为准，来确定电流互感器的极性。这样容易造成保护和测量的电流回路所接的极性端子不同。在大型变电站和综合自动化变电站中，确定电流互感器的极性都以母线指向线路（或电气元件）为正方向。也就是说，电流互感器一次端子 L1 应接母线侧，一次电流流出母线为正，流入母线为负。二次端子从 K1 引出，则为正引出。

2. 检查电流互感器各绕组接线变比正确性

电流互感器需要将一次侧电流按线性比例转变到二次侧，所以必须做变比试验，试验时的标准电流互感器是一穿心电流互感器，其变比为（600/N）/5，N 为升流器穿心次数，如果穿一次，为 600/5。对于二次是多绕组的电流互感器，有时测得的二次电流误差较大，是因为其他二次回路开路，使电流互感器磁通饱和，大部分一次电流转化为励磁涌流，此时把其他未测的二次绕组短接即可。同理在安装时候，未使用的绕组也应该全部短接，但是要注意，有些绕组属于同一绕组上有几个变比不同的抽头，只要使用了一个抽头，其他抽头就不应该短接，如果该绕组未使用，只短接最大线圈抽头就可以。变比试验测试点为标准电流互感器二次电流分别为 0.5A、1A、3A、5A、10A、15A 时电流互感器的二次电流。

3. 检查电流互感器各绕组模拟量采集回路的正确性

交流电流回路采用通入外加试验电流的方法来检查其回路的正确性。如果有条件，可从电流互感器的一次通入大电流，也可以从电流互感器的各二次绕组通入额定电流，逐个检查各二次回路所连接的保护装置、自动装置、测控装置中的电流相别、数值是否与外加的试验电流一致。试验可以在各装置的显示窗口监测，也可以在相应的电流回路串入电流表或用钳形伏安表来监测。

4. 绝缘检查

在各有关屏柜的电流端子排处将所有外部引入的回路及电缆全部断开，分别将电流回路的所有端子各自连接在一起，用 1000V 摇表测量各回路对地及各回路相互间绝缘电阻，其阻值均应大于 10MΩ。

绝缘检验合格后，对全部连接回路用交流 1000V 进行 1min 的耐压试验。

二、基本原理

1. 电流互感器在变电站的作用

电流互感器是电力系统中很重要的电力元件，其作用是将一次高压侧的大电流通过交变磁通转变为二次电流供给保护、测量、录波、计度等使用，通常所用电流互感器二次额定电流均为 5A，也就是铭牌上标注为 100/5、200/5 等，表示一次侧如果有 100A 或者 200A 电流，转换到二次侧电流就是 5A。

电流互感器与电压互感器工作时产生的磁通机理是不同的。电流互感器磁通是由与之串联的高压回路电流通过其一次绕组产生的。二次回路开路时，其一次电流均成为励磁电流，使铁芯的磁通密度急剧上升，从而在二次绕组感应出高达数千伏的感应电势，所以电流互感器二次绕组不允许开路。

2. 变电站实际电流回路

图 3-7 以一组保护用电流回路为例，A 相第一个绕组头端与尾端编号 1A1、1A2，如果是第二个绕组则用 2A1、2A2，其他同理。

3. 保护测控装置的交流电流回路的接线

变电站 10~35kV 保护、测量装置的电流回路都采用两相不完全星形接线，这种接线方式适合于小电流接地系统，可以反映各种相间故障。CSC-211 型保护装置具有小电流接地选线功能，一般变电站装设的消弧线圈自动消谐装置也具有接地选线功能，在运行中可以并行使用。它们采集的零序电流来自专用的套管式零序电流互感器。

图 3-8 中，1ID1、1ID2、1ID3、…是电流回路端子排的编号；K1、2K1、2K2、3K1、3K2、…是电流互感器二次绕组端子的编号，1X2-1、1X2-2、1X2-3、…是保护装置背板端子的编号。

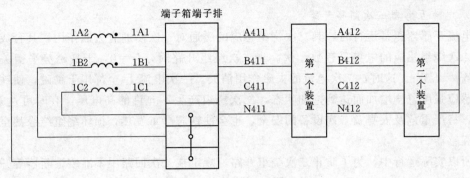

图 3-7 保护用电流回路

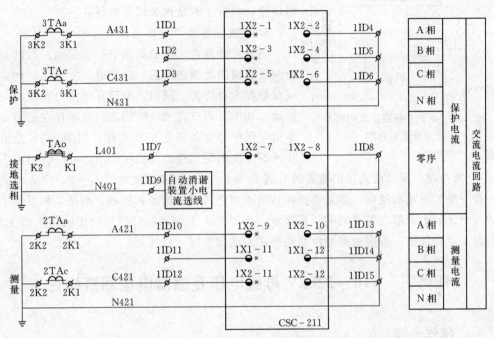

图 3-8 CSC-211 型保护测控装置交流电流回路接线图

三、故障处理

1. 电流互感器极性接反

电流互感器极性的正确性对继电保护、自动装置的正确工作，对测控装置的正确测量起着关键性的作用。为此，必须始终保持运行中的电流互感器以正确的极性接入各类装置。一般新投运的设备，在安装过程中都要检测极性，设备带电后还要用负荷电流和工作电压进行试验，这样运行中电流互感器极性才不会出错。但是，电流互感器每年要做预防性试验及定期检验，在试验中要拆动二次绕组的端子，工作人员稍有疏忽就可能将接线端子倒换，从而发生电流互感器极性接错。在现场运行中常有此类现象发生。为防止此类问题的发生，当电流互感器检修或试验工作结束后，一定要核对接线正确性。在一次设备带负荷后，通过打印采样值或其他试验手段，确证交流电流、电压回路的极性、相位及变比的正确性。这样才能保证在一次设备检修或试验后，保护、自动装置仍能安全、稳定、正确运行。

2. 电流互感器二次回路开路

电流互感器正常运行时，其二次绕组感应的磁通对一次磁通有去磁作用，其合成磁势小，二次绕组感应的电势只有数十伏。当二次绕组开路时，$I_2=0$，于是磁势平衡关系变为 $I_1 W_1 = I_0 W_1$。这时，二次电流的去磁作用消失，一次电流 I_1 全部用于励磁，使铁芯中的磁感应强度急剧增加而达到饱和状态，二次绕组产生不允许的高电压，有时可达 10kV以上，将严重危及人身及二次设备的安全，也会使铁芯严重发热，损坏绕组绝缘甚至烧毁电流互感器。

所以实际运行中，为了防止二次绕组开路，规定在二次回路中不准装熔断器等开关电器。当要检修、校验二次仪表时，必须首先将二次绕组短路，再拆下测量仪表或继电器。

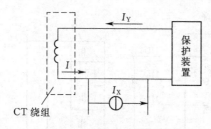

图 3-9　电流互感器二次侧两点
接地分流示意图

3. 电流互感器二次回路多点接地

电流互感器在二次侧必须有一点接地，目的是防止两侧绕组的绝缘击穿后一次高电压引入二次回路造成设备与人身伤害。同时，电流互感器也只能有一点接地，如果有两点接地，电网之间可能存在的潜电流会引起保护等设备的不正确动作。如图 3-9 是电流互感器二次侧两点接地分流示意图，可以看出由于潜电流 I_X 的存在，所以流入保护装置的电流 $I_Y \neq I$，当取消多点接地后 $I_X=0$，则 $I_Y=I$。

在一般的电流回路中，都是选择在该电流回路所在的端子箱接地。但是，如果差动回路的各个比较电流都在各自的端子箱接地，有可能由于地网的分流从而影响保护的工作。所以对于差动保护，规定所有电流回路都在差动保护屏一点接地。

任务三　110～220kV 母线电压互感器电压回路检查

一、操作步骤

110～220kV 母线电压互感器电压回路检查同样要分为以下几项：

（1）检查电压互感器各绕组接线极性正确。

（2）检查电压互感器各绕组接线变比正确性。

（3）检查电压互感器各绕组模拟量采集回路的正确性。

（4）绝缘检查。

以上四项操作步骤及检查方法与任务二中 10～35kV 线路电流互感器电流回路的检查方法相同，此处不再赘述。

二、基本原理

1. 母线电压互感器的实际接线图

图 3-10 是 110～220kV 母线电压互感器的原理接线图。电压互感器的绕组有 4 组，其中一次绕组为星形接线，每相电压为 $110/\sqrt{3}$ kV。二次绕组有 3 组，其中供计量回路用

的 1 组，接线为星形接线，每相电压为 0.1～3kV，准确度级为 0.2 级，输出容量为 75VA；供测量和保护回路用 1 组，接线为星形接线，每相电压为 $0.1/\sqrt{3}$ kV，准确度级为 0.5 级，输出容量为 100VA；供保护专用 1 组，接线为开口三角形接线，输出电压为 0.1kV，准确度级为 3P 级，输出容量为 300VA。

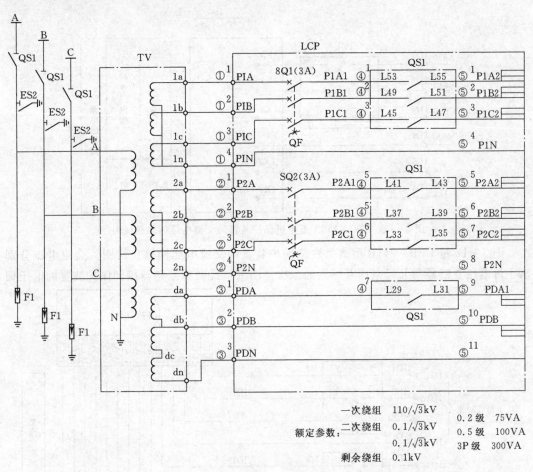

额定参数：	一次绕组	$110/\sqrt{3}$ kV	0.2 级	75VA
	二次绕组	$0.1/\sqrt{3}$ kV	0.5 级	100VA
		$0.1/\sqrt{3}$ kV	3P 级	300VA
	剩余绕组	0.1kV		

图 3-10 110～220kV 母线电压互感器一、二次接线图

电压互感器的二次输出，两组星形接线绕组由空气开关 8Q1、8Q2 控制，开口三角形绕组不经控制直接输出。为了防止停电检修时二次电压向一次反送电，在二次输出回路均接入隔离开关的辅助触点，如图 3-10 中 QS1 的 L29-L31、L33-L35、L37-L39、L41-L43、L45-L47、L49-L51、L53-L55，在隔离开关断开电压互感器一次绕组的同时，也将电压互感器的二次回路断开。

2. 保护测控装置的交流电压回路的接线

对于任何微机保护装置来讲，都必须接入所需要保护电气单元的工作电压与工作电流，根据接入的电压、电流列出不同类型、不同原理的动作方程，从而构成不同的保护。

图 3-11 是接于单母线的 110kV 输电线路的 CSC-163A 型微机保护装置的交流电压回路。交流电压回路接在 110kV 的Ⅰ段母线的电压互感器上，所接的电压互感器绕组应

是测量保护共用的 0.5 级绕组。A、B、C 三相电压回路经小空气开关 1Q1 接入保护装置，1Q1 作为保护装置交流电压回路的保护设备，亦作为检验保护装置时切断交流电压用。如果 110kV 线路的重合闸要考虑检同期或检无压的条件，必须将线路电压互感器（U_x、U_{xn}）接入保护装置，线路电压取值 1～120V，线路电压的相别可以由控制字来选择。

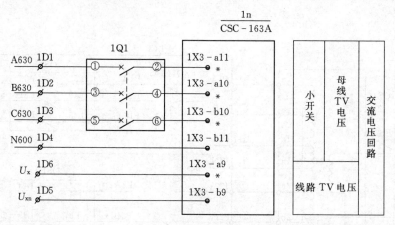

图 3-11　CSC-163A 型微机保护装置的交流电压回路接线图

　　图 3-12 是 LFP-941B 型微机线路保护装置的交流电压回路接线图。交流电压分别从 Ⅰ 母电压互感器与 Ⅱ 母电压互感器的二次侧引入，经微型断路器接到保护装置的电压切

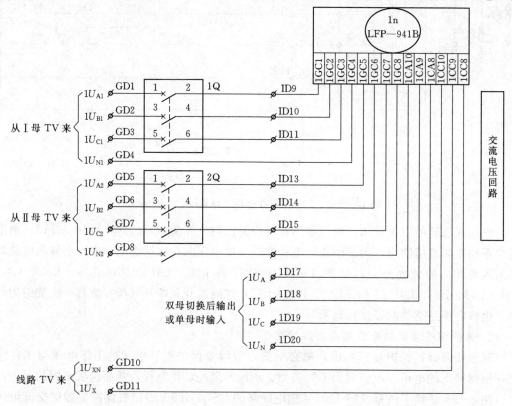

图 3-12　LFP-941B 型微机线路保护装置交流电压回路接线图

换回路，切换后的交流电压供保护装置使用，同时也经保护装置端子 1D17、1D18、1D19、1D20 引出，供其他自动装置使用。如有同期合闸回路，则将线路电压互感器的电压接入 GD10、GD11 端子供同期检定使用。

3. 电压互感器二次回路的切换

双母线的主接线图如图 3-13 所示。接在双母线上的线路或主变压器等电气单元通过隔离开关的操作，可以分别接在Ⅰ母或Ⅱ母上运行。当接在Ⅰ母运行时，其电压回路必须接在Ⅰ母电压互感器的二次回路中；当接在Ⅱ母运行时，其电压回路必须接在Ⅱ母电压互感器的二次回路中。这种电压互感器二次回路的转换是通过切换装置来实现的。

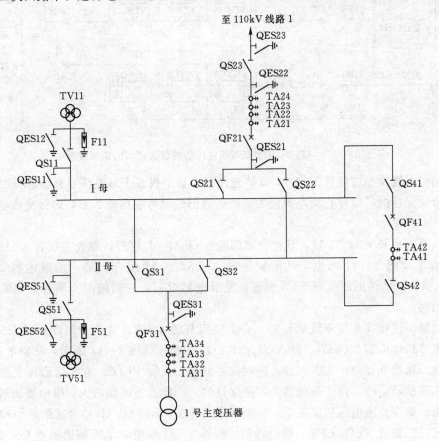

图 3-13　双母线主接线图

例如，YQX-22J 型双母线电压切换装置，其用在 110kV 线路的电压切换装置直流回路接线图如图 3-14 所示。

电压切换装置的组成与电压并列装置基本相同。其中，1KYQ1、1KYQ2、1KYQ3 为第一组，是切换至Ⅰ段母线电压互感器二次回路的控制直流继电器；2KYQ1、2KYQ2、2KYQ3 为第二组，是切换至Ⅱ段母线电压互感器二次回路的控制直流继电器。

电压切换装置由空气开关 7QK 接在直流控制小母线 KM 上。当线路连接在Ⅰ段母线运行时，合上隔离开关 QS21，其动合辅助触点 QS21-L 闭合，第一组继电器 1KYQ1、1KYQ2、1KYQ3 的动作线圈 2-11 励磁，使继电器启动，它们的触点接通Ⅰ母电压二次

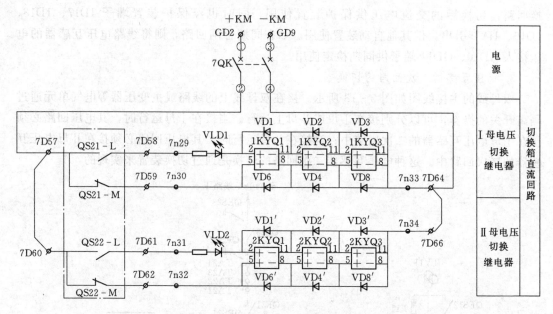

图 3-14 YQX-22J 型双母线电压切换装置直流回路接线图

回路，同时点亮发光二极管 VLD1，在装置面板上显示投在 Ⅰ 母电压互感器运行。由于继电器是带磁保持的，即使直流电源消失，继电器仍然保持在启动状态，确保交流电压回路正常。

当断开隔离开关 QS21 时，其动合辅助触点 QS21-L 打开，发光二极管 VLD1 熄灭，继电器动作线圈 2-11 断电，动断辅助触点 QS21-M 闭合，第一组继电器 1KYQ1、1KYQ2、1KYQ3 的返回线圈 5-8 励磁，使继电器返回，它们的触点断开，切断 Ⅰ 母电压二次回路。

当线路一连接在 Ⅱ 段母线运行时，合上隔离开关 QS22，其动合辅助触点 QS22-L。闭合，第二组继电器 2KYQ1、2KYQ2、2KYQ3 的动作线圈 2-11 励磁，使继电器启动，它们的触点接通 Ⅱ 母电压二次回路，同时点亮发光二极管 VLD2，在装置面板上显示投在 Ⅱ 母电压互感器运行。由于继电器是带磁保持的，即使直流电源消失，继电器仍然保持在启动状态，确保交流电压回路正常。当断开隔离开关 QS22 时，其动合辅助触点 QS22-L 打开，发光二极管 VLD2 熄灭，继电器动作线圈 2-11 断电，动断辅助触点 QS22-M 闭合，第二组继电器 2KYQ1、2KYQ2、2KYQ3 的返回线圈 5-8 励磁，使继电器返回，它们的触点断开，切断 Ⅱ 母电压二次回路。

电压切换装置的信号开出回路如图 3-15 所示。当投入在 Ⅰ 母运行时，第一组继电器启动，其动合触点 1KYQ2-3 闭合，信号开出，送至测控装置，在后台机上打出"110kV ××线投入 Ⅰ 母电压互感器"信号；当投入在 Ⅱ 母运行时，第二组继电器启动，其动合触点 2KYQ2-3 闭合，信号开出，送至测控装置，在后台机上打出"110kV ××线投入 Ⅱ 母电压互感器"信号。当电压切换装置的直流工作电源断开，即空气小开关 7QK 断开，其动断辅助触点 7QK-SD 闭合，信号开出，送至测控装置，在后台机上打出"切换装置直流消失"信号。

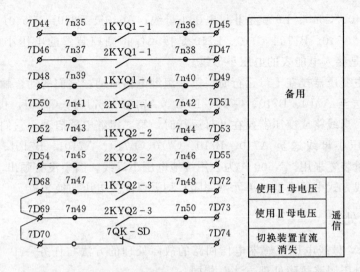

图 3 - 15   YQX - 22J 型双母线电压切换装置信号回路接线图

双母线电压切换装置的交流电压回路接线如图 3 - 16 所示。图 3 - 16 中，A630、B630、C630、L630 是 Ⅰ 母电压小母线；A630J、B630J、C630J 是 Ⅰ 母计量用的电压小母

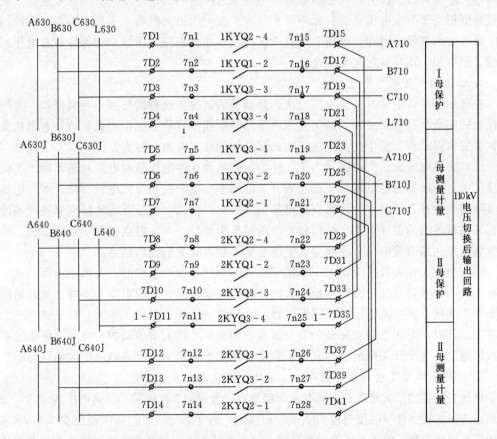

图 3 - 16   YQX - 22J 型双母线电压切换装置交流电压回路接线图

线；A640、B640、C640、L640 是 Ⅱ 母电压小母线；A640J、B640J、C640J 是 Ⅱ 母计量用的电压小母线；A710、B710、C710、L710 是接入保护测控装置的电压小母线；A710J、B710J、C710J 是接入电能表的电压小母线。

当线路或主变压器投在 Ⅰ 母运行时，第一组继电器启动，它们的动合触点闭合，将 Ⅰ 母电压小母线送至 A710、B710、C710、L710、A710J、B710J、C710J，供保护、测量、计量装置采用；当线路或变压器投在 Ⅱ 母运行时，第二组继电器启动，它们的动合触点闭合，将 Ⅱ 母电压小母线送至 A710、B710、C710、L710、A710J、B710J、C710J，供保护、测量、计量装置采用。N600 作为公用接地电压小母线，图中没有画出。

双母线接线方式中每个电气单元（间隔）均需要配置电压切换装置。

三、故障处理

110～220kV 母线电压互感器电压回路的故障处理的方法与任务一中"10～35kV 母线电压互感器电压回路故障处理方法"相同。

1. 二次回路运行在开路状态，不允许短路

电压互感器磁通是由与电压互感器并联的交流电压产生的电流建立的，电压互感器二次回路开路，只有一次电压极小的电流产生的磁通产生的二次电压，若电压互感器二次回路短路则相当于一次电压全部转化为极大的电流而产生极大磁通，电压互感器二次回路会因电流极大而烧毁。因此，电压互感器二次绕组不允许短路。运行必须保证所有电压回路的端子相与相、相与地之间绝缘良好。

2. 二次回路断线的处理方法

变电站在运行中常有交流电压二次回路断线的情况。这种情况如不及时处理，将给继电保护的安全运行带来威胁，因为交流电压回路断线很容易造成距离保护或接有阻抗元件的保护发生误动作。发生交流电压二次回路断线的原因有两个方面：

（1）交流电压的二次回路。为了防止电压互感器在停电检修时电压互感器的二次向一次反供电，一般都经过电压互感器隔离开关的辅助触点来控制交流电压回路。即当电压互感器隔离开关在合闸时才允许将交流电压的二次回路接通。电压互感器隔离开关的辅助触点也是机械传动的部件，多次操作后，有可能发生变位，产生触点接触不良的情况。当发生交流电压回路断线时，应注意检查电压互感器隔离开关的辅助触点。

（2）当有工作人员在交流电压二次回路上工作时，如果采取的安全措施不得当或工作人员不小心，很容易发生交流电压二次回路的接地或短路，造成电压互感器二次回路的空气小开关跳闸，使交流电压二次回路断线。针对这种情况，当有工作人员在交流电压二次回路上工作时，要注意制定完备的安全措施，加强对工作人员的监护。当发生电压互感器二次回路的空气小开关跳闸时，要立即合上，使保护装置失去交流电压的时间尽可能短。

3. 电压互感器二次回路只能有一点接地，不允许有多点接地

电压互感器的二次侧有且只能有一个接地点，以保护二次回路不受高电压的侵害，二次接地点选在主控室母线电压电缆引入点，由 YMN 小母线专门引一条半径至少 2.5mm 永久接地线至接地铜排。电压互感器二次只能有这一个接地点（严禁在电压互感器端子箱接地），如果有多个接地点，由于地网中电压压差的存在将使电压互感器二次电压发生变化。

任务四　110～220kV 线路电流互感器电流回路检查

一、操作步骤

（1）检查电流互感器各绕组接线极性正确。

（2）检查电流互感器各绕组接线变比正确性。

（3）检查电流互感器各绕组模拟量采集回路的正确性。

（4）绝缘检查。

以上四项操作步骤及检查方法与任务二中 10～35kV 线路电流互感器电流回路的检查方法相同，此处不再赘述。

二、基本原理

1. 110～220kV 线路电流互感器的原理接线

图 3-17 是 110kV 线路间隔电流互感器的原理接线图。电流互感器的二次绕组共有 4 组，其中供保护用 2 组，准确度级为 10P20 级（10P20 的含义是指在电流互感器 20 倍额定电流时，其变比误差不超过 10%），输出容量为 30VA；供测量回路用 1 组，准确度级为 0.5 级（0.5 的含义是指在电流互感器额定电流时，其变比误差不超过 0.5%），输出容量为 20VA；供计量回路用 1 组，准确度级为 0.2 级（0.2 的含义是指在电流互感器额定电流时，其变比误差不超过 0.2%），输出容量为 20VA。每组电流互感器有两个变比抽头，接 S1-S2 抽头时变比为 300/5，接 S1-S3 抽头时变比为 600/5。根据接线的要求，制造厂家可以提供不同变比的电流互感器。图 3-17 中电流互感器的一次端子 P1 与二次端子 S1 为同极性端。

2. 保护测控装置的交流电流回路的接线

图 3-18 是 LFP-941B 型微机线路保护装置的交流电流回路接线图。其接线与前面所述 CSC-163 型保护装置完全相同。

三、故障处理

1. 电流互感器极性接反

电流互感器极性的正确性对继电保护、自动装置的正确工作，对测控装置的正确测量起着关键性的作用。为此，必须始终保持运行中的电流互感器以正确的极性接入各类装置。一般新投运的设备，在安装过程中都要检测极性，设备带电后还要用负荷电流和工作电压进行试验，这样运行中电流互感器极性才不会出错。但是，电流互感器每年要做预防性试验及定期检验，在试验中要拆动二次绕组的端子，工作人员稍有疏忽就可能将接线端子倒换，从而发生电流互感器极性接错。在现场运行中常有此类现象发生。为防止此类问题的发生，当电流互感器检修或试验工作结束后，一定要核对接线正确性。在一次设备带负荷后，通过打印采样值或其他试验手段，确证交流电流、电压回路的极性、相位及变比的正确性。这样才能保证在一次设备检修或试验后，保护、自动装置仍能安全、稳定、正确运行。

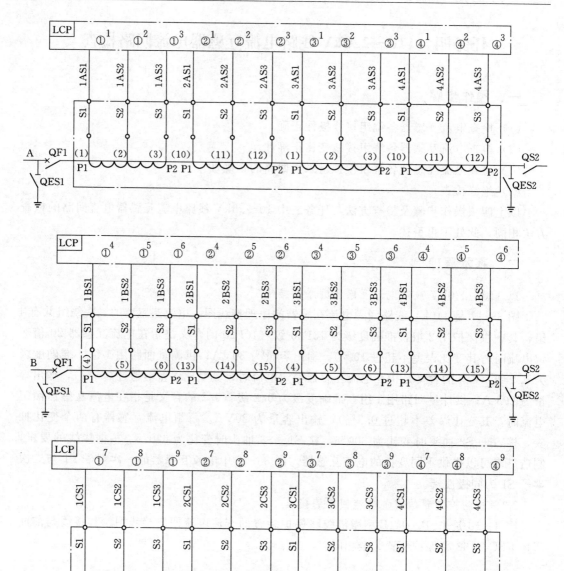

电流互感器参数一览表

线圈	额定电流比	输出容量/VA	准确度级
TA1		30	10P20
TA2	S1;S2 300/5	30	10P20
TA3	S1;S3 600/5	20	0.5
TA4		20	0.2

图 3-17　110kV 线路间隔电流互感器原理接线图

2. 电流互感器二次回路开路

由于 110～220kV 电流互感器二次回路较长，发生开路的可能性比较大，电流互感器正常运行时，其二次绕组感应的磁通对一次磁通有去磁作用，其合成磁势小，二次绕组感应的电势只有数十伏。当二次绕组开路时，$I_2 = 0$，于是磁势平衡关系变为 $I_1 W_1 = I_0 W_1$。这时，二次电流的去磁作用消失，一次电流 I_1 全部用于励磁，使铁芯中的磁感应强度急剧增加而达到饱和状态，二次绕组产生不允许的高电压，有时可达 10kV 以上，将严重危及人身及二次设备的安全，也会使铁芯严重发热，损坏绕组绝缘甚至烧毁电流互感器。

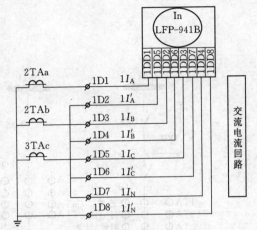

图 3-18　LFP-941B 型微机线路保护装置交流电流回路接线图

所以实际运行中，为了防止二次绕组开路，规定在二次回路中不准装熔断器等开关电器。当要检修、校验二次仪表时，必须首先将二次绕组短路，再拆下测量仪表或继电器。在试验后要认真细致地进行检查，保证每个电流端子都必须连接可靠。

3. 电流互感器二次回路多点接地

电流互感器在二次侧必须有且只能有一点接地，目的是防止两侧绕组的绝缘击穿后一次高电压引入二次回路造成设备与人身伤害。由于 110～220kV 电流互感器二次回路较长，发生多点接地的可能性比较大，如果有两点接地存在就会有分流影响继电保护的正确动作，处理方法是将电流回路电缆的两头端子解开，用绝缘摇表对每一组、每一相的电流互感器回路进行排查，直到找到多余的接地点加以排除为止。

任务五　主变间隔电流互感器电流回路检查

一、操作步骤

（1）检查电流互感器各绕组接线极性正确。

（2）检查电流互感器各绕组接线变比正确性。

（3）检查电流互感器各绕组模拟量采集回路的正确性。

（4）绝缘检查。

主变间隔电流互感器电流回路的操作步骤及检查方法与任务二中 10～35kV 线路电流互感器电流回路的检查方法相同，此处也不再详述。

二、基本原理

1. 主变间隔电流互感器的原理接线

图 3-19 是主变间隔电流互感器的原理接线图。该主变是三绕组变压器，在其三侧分

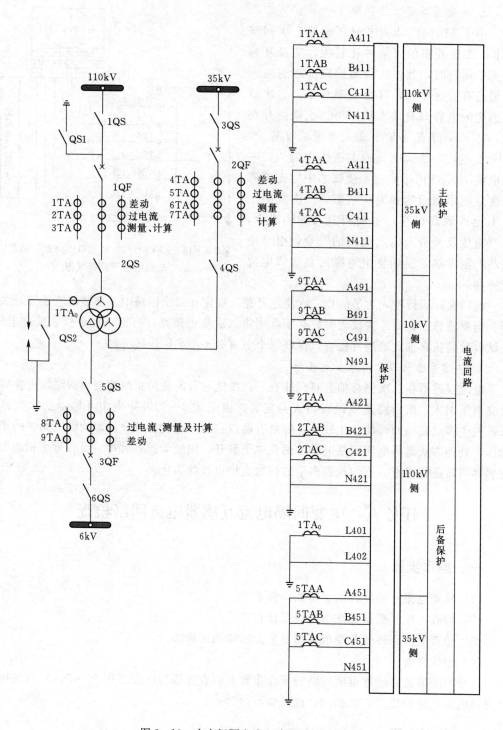

图 3 - 19　主变间隔电流互感器回路接线图

别装设 1TA～9TA，1TA、4TA、9TA 组成主变三侧纵差动保护，2TA、5TA、8TA 分别是高中低三侧的过电流保护，准确度级为 10P20 级；3TA、6TA、7TA 供测量回路用，准确度级为 0.5 级，每组电流互感器有两个变比抽头，接 S1 - S2 抽头时变比为 300/5，接 S1 - S3 抽头时变比为 600/5。在高压侧的中性点有 1TA。作为变压器零序电流保护用。

2. 保护测控装置的交流电流回路的接线

图 3 - 20 是上述主变的测控装置，装置采用 DF3270 装置。主要用途是模拟量采集（包括交流量与直流量采集）；数字量采集（包括开关量与电度模拟量采集）；DF3270 装置采集变压器 110kV、35kV、6kV 三侧 U_A、U_B、U_C、I_A、I_B、I_C、P、Q、$\cos\varphi$ 交流量（可测量 4 路）。主变高、中、低三侧电流分别由 3TA、6TA、8TA、7TA 送入装置，实

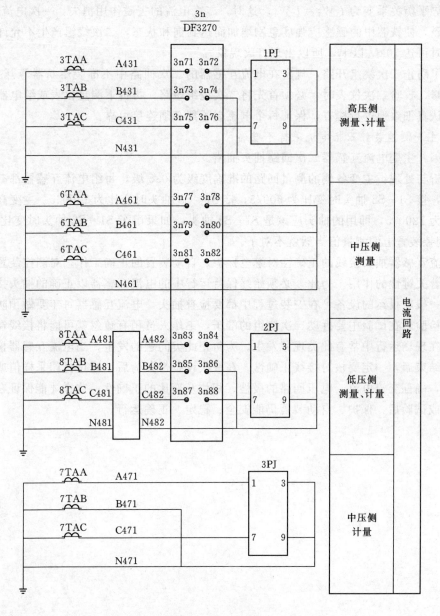

图 3 - 20 主变的测量、计量交流电流回路

现对主变的测量、计量。

三、故障处理

1. 主变高压端子箱电流端子处打火

原因：主变高压侧电流二次回路开路。

分析及处理：由于主变电流互感器正常运行时，其二次绕组感应的磁通对一次磁通有去磁作用，其合成磁势小，二次绕组感应的电势只有数十伏。当二次绕组开路时，$I_2 = 0$，于是磁势平衡关系变为 $I_1 W_1 = I_0 W_1$。这时，二次电流的去磁作用消失，一次电流 I_1 全部用于励磁，使铁芯中的磁感应强度急剧增加而达到饱和状态，二次绕组产生不允许的高电压，有时可达 10kV 以上，所以出现打火现象。

为了防止二次绕组开路，规定在电流互感器的二次回路中不准装熔断器等开关电器。当要检修、校验二次仪表时，必须首先将二次绕组短路，再拆下测量仪表或继电器。在试验后要认真细致地进行检查，保证每个电流端子都必须连接可靠。

2. 主变测控装置三相电流采样不准确

原因：主变电流互感器二次回路抽头抽错。

分析与处理：主变各侧的测量回路的准确度级为 0.5 级，每组电流互感器都有两个变比抽头，接 S1 - S2 抽头时变比为 600/5，接 S1 - S3 抽头时变比为 1200/5。主变高压侧用的变比为 1200/5，即用的抽头应该是 S1 - S3 抽头，如果用了 S1 - S2 抽头时变比为 600/5，在测控装置上的测量值当然就不对了。

电流互感器抽头接线的正确性对继电保护、自动装置的正确工作，对测控装置的正确测量起着关键性的作用。为此，必须始终保持运行中的电流互感器以正确的抽头接入各类装置。一般新投运的设备，在安装过程中都要检查抽头，电流互感器每年要做预防性试验及定期检验，在试验中要拆动二次绕组的端子，工作人员稍有疏忽就可能将接线端子抽头接错，在现场运行中常有此类现象发生。为防止此类问题的发生，当电流互感器检修或试验工作结束后，一定要核对接线正确性。在一次设备带负荷后，通过打印采样值或其他试验手段，确证交流电流、电压回路的极性、相位及变比的正确性。这样才能保证在一次设备检修或试验后，保护、自动装置仍能安全、稳定、正确运行。

项目四 调节系统的调节

任务一 主变有载档位调节

一、主变有载档位调节步骤练习

1. 电动操作模式控制主变有载档位

认识：变压器常用改变绕组匝数的方法来调压。一般从变压器的高压绕组引出若干抽头，称为分接头。用以切换分接头的装置称为分接开关。分接开关又分为无励磁分接开关和有载分接开关。前者必须在变压器停电的情况下切换；后者可以在变压器带负载情况下切换。变压器有载调压因具有操作成本低、适用范围广、调压效果明显等优点而被广泛应用。在 HMK8 控制器上通过"模式选择"按键（图 4-1）选择"电操"时，由电动机构内的操作按键进行升、降、停操作。选择正确的指令，按"N→1"或"1→N"键，电动机构就会自动完成一个分接，并在规定区域范围内停下。

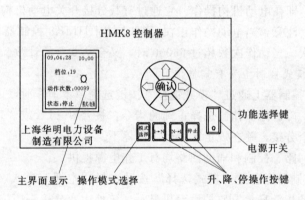

图 4-1 HMK8 控制器前面板图

步骤：在低压配电盘和直流馈线屏上，合上主变间隔低压交、直流电源开关，向电机回路、控制和辅助回路提供电源。

在主变本体的有载分接开关电动机构箱内，合上电动机构中电动机回路的断路器，向电机回路提供工作电源。

在主变测控屏上，合上控制器的电源开关，向控制和辅助回路提供工作电源。控制器的 LCD 液晶显示屏经过渡页面后显示主界面（图 4-2）。

在 HMK8 控制器上通过"模式选择"按键选择"电操"模式，观察 LCD 屏上的显示、电动机构上的指针显示及监控后台机显示，三处主变分接头档位应一致。

在主变本体的有载分接开关电动机构箱内，按"1→N"键从当前所在档位升至最高

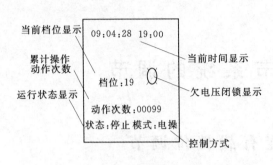

当前档位显示 09:04:28 19:00

累计操作
动作次数   档位:19   ——当前时间显示

运行状态显示   ——欠电压闭锁显示

                动作次数:00099

                状态:停止 模式:电操   ——控制方式

图 4-2 HMK8 控制器主界面图

档，通常为 17 档。期间，在升档的过程中，操作"停止"键可实现中途停止。

在主变本体的有载分接开关电动机构箱内，按"N→1"键从 17 档位降至最低档，通常为 1 档，期间，在降档的过程中，操作"停止"键可实现中途停止。

最后，在主变本体的有载分接开关电动机构箱内，按"1→N"键从 1 档升至最初没有开始调试的档位。

观察： 合上所有电源开关后，主变有载分接开关及控制器应能正常工作及显示。

电操模式下，主变有载分接开关档位每升或者降一档，电动机构就会自动完成一个分接，并在规定区域范围内停下。每完成一次操作都必须观察 LCD 屏上的显示、电动机构上的指针显示及监控后台机显示分接开关档位是否一致。HMK8 动作记录及监控后台机显示信号是否正确。如果不正确，需处理完故障后方可继续操作。

思考： HMK8 控制器上处于本地模式时，能否在有载分接开关电动机构箱内操作按键进行升、降、停操作，为什么？

原理： 电操模式，即在电动机构操作，它通过有载分接开关电动机构箱内的操作按键进行升、降、停操作。注意：当电动操作正在运行时，对 HMK8 控制器面板进行操作，动作次数会少计数一次。当动作次数超过 66000 时，又会从 0 开始计数。

2. 本地操作模式控制主变有载档位

认识： 在 HMK8 控制器上通过"模式选择"按键选择"本地"时，由 HMK8 控制器上的操作按键进行升、降、停操作。选择正确的指令，按"N→1"或"1→N"键，电动机构就会自动完成一个分接，并在规定区域范围内停下。

步骤： 检查电机回路、控制和辅助回路均有工作电源提供。

在 HMK8 控制器上通过"模式选择"按键选择"本地"模式，观察 LCD 屏上的显示、电动机构上的指针显示及监控后台机显示，三处主变分接头档位应一致。

在 HMK8 控制器上，按"1→N"键从当前所在档位升至最高档，通常为 17 档。期间，在升档的过程中，操作"停止"键可实现中途停止。

在 HMK8 控制器上，按"N→1"键从 17 档位降至最低档，通常为 1 档，最后按"1→N"键从 1 档升至当前最初所在档位。期间，在降档的过程中，操作"停止"键可实现中途停止。

最后，在 HMK8 控制器上，按"1→N"键从 1 档升至当前最初所在档位。

观察： 合上所有电源开关后，主变有载分接开关及控制器应能正常工作及显示。

本地模式下，主变有载分接开关档位每升或者降一档，电动机构就会自动完成一个分接，并在规定区域范围内停下。每完成一次操作都必须观察 LCD 屏上的显示、电动机构上的指针显示及监控后台机显示分接开关档位是否一致。HMK8 动作记录及监控后台机显示信号是否正确。如果不正确，需处理完故障后方可继续操作。

思考：HMK8 控制器上处于本地模式时，能否在有载分接开关后台监控机监控界面操作按键进行升、降、停操作，为什么？

原理：本地模式，即在控制器本地操作，它通过 HMK8 控制器的操作按键进行升、降、停操作。

3. 远控操作模式控制主变有载档位

认识：在 HMK8 控制器上通过"模式选择"按键选择"远控"时，由后台监控机监控界面的操作按键进行升、降、停操作。选择正确的指令，按"N→1"或"1→N"键，电动机构就会自动完成一个分接，并在规定区域范围内停下。

步骤：检查电机回路、控制和辅助回路均有工作电源提供。

在 HMK8 控制器上通过"模式选择"按键选择"本地"模式，观察 LCD 屏上的显示、电动机构上的指针显示及监控后台机显示，三处主变分接头档位应一致。

在后台监控机监控界面上，按"升"键从当前所在档位升至最高档，通常为 17 档。期间，在升档的过程中，操作"停止"键可实现中途停止。

在后台监控机监控界面上，按"降"键从 17 档位降至最低档，通常为 1 档，最后按"1→N"键从 1 档升至当前最初所在档位。期间，在降档的过程中，操作"停止"键可实现中途停止。

最后，在后台监控机监控界面上，按"升"键从 1 档升至当前最初所在档位。

观察：合上所有电源开关后，主变有载分接开关及控制器应能正常工作及显示。

远控模式下，主变有载分接开关档位每升或者降一档，电动机构就会自动完成一个分接，并在规定区域范围内停下。每完成一次操作都必须观察 LCD 屏上的显示、电动机构上的指针显示及监控后台机显示分接开关档位是否一致。HMK8 动作记录及监控后台机显示信号是否正确。如果不正确，需处理完故障后方可继续操作。

思考：在后台监控机监控界面上，按"升"键，升档指令下达后主变有载分接开关却不动作，可能的原因是什么？

原理：远控模式，即在远方监控后台操作，它通过后台监控机监控界面上的操作按键进行升、降、停操作。注意：当远控操作正在运行时，对 HMK8 控制器面板进行操作，动作次数会少计数一次。当动作次数超过 66000 时，又会从 0 开始计数。

二、主变有载档位调节基本原理

1. 主变有载档位调节的组成

发电厂和变电站中对主变有载档位调节主要是通过变压器有载分接开关电动操作机构和变压器有载分接开关控制器来实现的。以上海华明电力设备制造有限公司生产的 SHM-Ⅲ智能型电动操作机构和 HMK8 变压器有载分接开关控制器（简称 HMK8）为例加以介绍。

SHM-Ⅲ智能型电动操作机构（图 4-3）用先进的信息技术、微电子元件、计算机技术替代传统的有触点、靠机械动作来完成电气功能的电器元件。SHM-Ⅲ型电动操作机构由于其电气信号的通断不再需要用机械动作来实现，因此可以真正做到机电分离，机构的机械寿命和运行质量得到大幅度提高。SHM-Ⅲ新型电动操作机构采用三相电机作动力源，充分发挥了三相电机启动力矩大、功率因数高、温升明显降低的性能优点。电动操作时，手动输入轴组件与操作机构的动力输出系统自动脱离，不再随电动机构输出轴的转动而空转，有效地降低了机构噪声。

图4-3 SHM-Ⅲ智能型电动操作机构箱外观图

图4-4 SHM-Ⅲ传动系统与档位机构外观图

图4-5 HMK8变压器有载分接
开关控制器外观图

SHM-Ⅲ内部结构（图4-4）主要由传动系统和档位指示两部分组成。传动机构采用低噪声皮带轮传动系统，每一次分接变换输出轴转33圈。机构档位指示清晰地显示了电动机构和有载分接开关所处的工作位置；电磁式计数器真实地记录了电动机构电动操作次数。由于整个位置指示部分的机械传动及信号采集部分都是装在密封的盒子里，所以实现了免维护的目的。

HMK8变压器有载分接开关控制器（图4-5）适用于变压器有载调压的控制。HMK8具有档位显示、动作次数显示功能，并且经RS-485串口实现远程通信，控制变压器有载分接开关升、降、停。HMK8可以通过模式选择实现本地、远控、电操三种的升、降、停控制，适用于SHM-Ⅲ型电动机构，界面采用LCD显示屏，具有档位BCD码无源触点输出、运行状态和欠电压闭锁状态无源触点输出，可以显示档位和动作次数，具有RS-485串行通信功能。

HMK8控制器由前面板、后面板、外壳和微处理模块组成。其中前面板为显示和操作模块，后面板为通信机接线端子模块，微处理模块可靠置于外壳内部。

2. 主变有载档位调节的操作模式

主变有载档位调节的操作模式有电操、本地和远控三种。模式选择通过HMK8控制器上的"模式选择"按键进行。

电动操作模式：通过有载分接开关电动机构箱内的操作按键进行升、降、停操作。

本地操作模式：通过 HMK8 控制器上的操作按键进行升、降、停操作。

远控操作模式：通过后台监控机监控界面上的操作按键进行升、降、停操作。

3. 主变有载档位调节的工作原理

HMK8 与 SHM-Ⅲ 电动机构通过驱动电缆和信号电缆实现连接（图 4-6），用户在调试前把电缆两端插头按要求插在相应的插座 CX1、CX2 中（图 4-7、图 4-8），进行电动机构和控制器的电气连接。

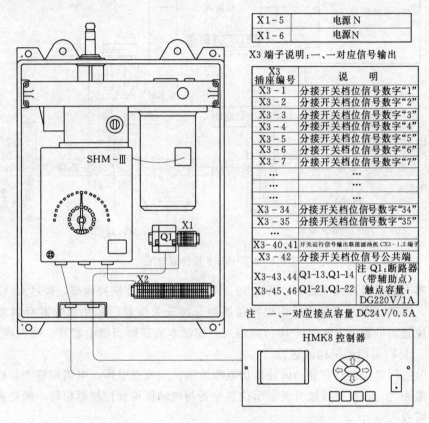

X1-5	电源 N
X1-6	电源 N

X3 端子说明：一、一对应信号输出

X3 插座编号	说明
X3-1	分接开关档位信号数字"1"
X3-2	分接开关档位信号数字"2"
X3-3	分接开关档位信号数字"3"
X3-4	分接开关档位信号数字"4"
X3-5	分接开关档位信号数字"5"
X3-6	分接开关档位信号数字"6"
X3-7	分接开关档位信号数字"7"
...	...
...	...
...	...
X3-34	分接开关档位信号数字"34"
X3-35	分接开关档位信号数字"35"
...	
X3-40,41	开关运行信号输出联接滤油机 CX3-1、2 端子
X3-42	分接开关档位信号公共端
X3-43、44	Q1-13，Q1-14
X3-45、46	Q1-21，Q1-22

注 Q1：断路器（带辅助点）触点容量：DG220V/1A

注　一、一对应接点容量 DC24V/0.5A

图 4-6　SHM-Ⅲ 与 HMK8 连接示意图

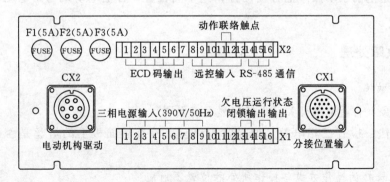

图 4-7　HMK8 后面板图

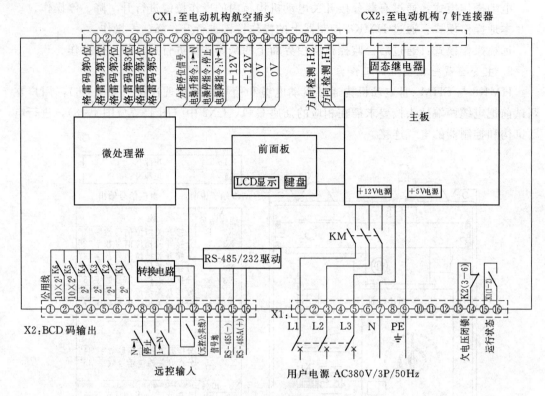

图 4-8 HMK8 接线原理图

变压器有载分接开关位置信号通过 19 芯航空插座传入控制器内部，经过 CPU 中央控制器编码，BCD 无源接点输出，中央控制器对分接开关位置的变化次数进行累加计数并显示。将位置信号通过 RS-485 串行口输入，控制本装置固态继电器升、降、停的输出，从而控制 SHM-Ⅲ 电动机构的运行。

在向电机回路、控制和辅助回路提供电源之前，先检查电压、电流和整个的输出是否与需要的值相吻合，检查分接开关指示位置是否与电动机构和控制器相符。确定各项目都正确后方可投入运行。

注意：送电前手动操作把分接位置调到中间位置；合上电动机构中电动机回路的断路器。

三、故障处理

1. 电源故障

故障现象：合上电源开关后无任何显示（黑屏）。

处理方法：检查三相电源，如异常则修复。检查后面板上的熔丝是否熔断，如断则换。

2. 模式选择的操作方式与操作所处的位置不对应

故障现象：按"1→N"或"N→1"键后不升、不降。

处理方法：重新选择操作模式，使它与操作所处的位置相对应。

3. 升或降指令已发出，但电动机构不动

故障现象：合上电源开关，第1次按"1→N"或"N→1"键后发出声音报警。

处理方法：检查以下项目并作相应处理，然后送电再试。电动机构上接在电动机回路的断路器是否未合闸；检查控制器至电动操作机构之间电缆是否接好；检查电动机回路是否断路；检查三相电源是否缺相。

4. 升或降指令发出后，电机旋转方向有误

故障现象：合上电源开关，第1次按"1→N"或"N→1"键后电动机构刚动一下便马上停止，发出声音报警。

处理方法：停电后对调接入控制器三相电源中的任意两相，然后送电再试。

5. 远控升或降指令发出后，监控后台显示不正确

故障现象：按"升"键，现场及后台显示档位下降；按"降"键，现场及后台显示档位上升。每发出升或降一档指令时，后台显示升或降多档。

处理方法：在监控后台机进入监控系统，进行实时库参数修改。

【拓 展 知 识】

电力系统长期运行的经验和研究结果表明，造成系统电压下降的主要原因是系统的无功功率不足或无功功率分布不合理。所以，对于发电厂，主要的调压手段是调整发电机的励磁；对于变电站，主要的调压手段是调整有载调压变压器的分接头位置和控制无功补偿电容器，有的变电站还装设有并联补偿电抗器。

有载调压变压器可以在带负荷的情况下切换分接头位置，从而改变变压器的变比，起到调整电压和降低损耗的作用。控制无功补偿电容器的投切，可以改变网络中无功功率的分布，改善功率因数，减少网损和电压损耗，改善用户的电压质量。

思考：(1) 主变压器有载调压档位一般都有17个档位，新变压器投产时，为什么选择在9B档位？

17档是正8档和负8档再加额定档。因为触头是成对出现的，所以额定档有两个位置，9档就是中间档，也就是额定档，9A和9B都是。新变压器投产时放在额定档，是因为刚投产的时候负荷很小，变压器输出为额定电压，不需要调压，等到负荷上来后，输出端的电压就小于额定电压，所以要调档位以保证输出端为额定电压。

(2) 在实际操作中一般档位调得越高，电压就越高，同理档位调的越低，电压就越低。为什么主变铭牌（图4-9）上显示恰恰与实际操作相反，分接头档位越高，电压反而越低？

变压器的分接开关都是在高压侧的，所谓调高一档，实际是高压侧适应更高一级的电压，内部实际是增加了高压侧的线圈匝数，那么根据电压比等于匝数比，实际输出的电压就是变低了。

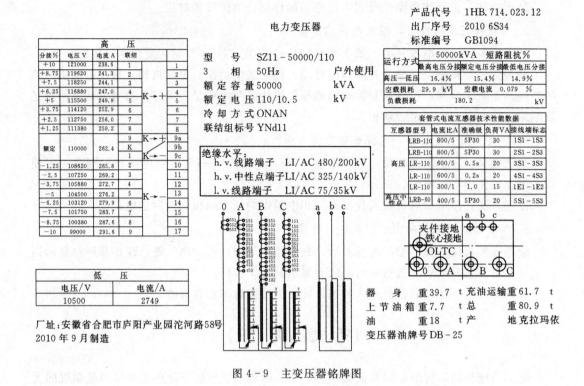

电力变压器

高　压

分接%	电压V	电流A	联结		
+10	121000	238.6	1		1
+8.75	119620	241.3	2		2
+7.5	118250	244.1	3		3
+6.25	116880	247.0	4	K→+	4
+5	115500	249.9	5		5
+3.75	114120	252.9	6		6
+2.5	112750	256.0	7		7
+1.25	111380	259.2	8		8
			9	K→+	9a
额定	110000	262.4	K		9b
			1		9c
-1.25	108620	265.8	2		10
-2.5	107250	269.2	3		11
-3.75	105880	272.7	4		12
-5	104500	276.2	5	K→-	13
-6.25	103120	279.9	6		14
-7.5	101750	283.7	7		15
-8.75	100380	287.6	8		16
-10	99000	291.6	9		17

低　压

电压/V	电流/A
10500	2749

厂址:安徽省合肥市庐阳产业园沱河路58号
2010 年 9 月制造

型　　号　SZ11-50000/110
3　相　50Hz　　　　户外使用
额 定 容 量 50000　　　　　kVA
额 定 电 压 110/10.5　　　　kV
冷 却 方 式 ONAN
联结组标号 YNd11

绝缘水平:
　h. v.线路端子　LI/AC 480/200kV
　h. v.中性点端子LI/AC 325/140kV
　l. v.线路端子　LI/AC 75/35kV

产品代号　1HB.714.023.12
出厂序号　2010 6S34
标准编号　GB1094

运行方式	50000kVA	短路阻抗%	
	最高电压分接	额定电压分接	最低电压分接
高压~低压	16.4%	15.4%	14.9%
空载损耗 29.9 kV		空载电流 0.079 %	
负载损耗		180.2	kV

套管式电流互感器技术性能数据

	互感器型号	电流比A	准确级	负荷VA	接线端标志
	LRB-110	800/5	5P30	30	1S1－1S3
	LRB-110	800/5	5P30	30	2S1－2S3
高压	LR-110	600/5	0.5s	20	3S1－3S3
	LR-110	600/5	0.2s	20	4S1－4S3
	LR-110	300/1	1.0	15	1E1－1E2
高压中性点	LRB-60	400/5	5P30	20	5S1－5S3

器　　身　重39.7 t 充油运输重61.7　t
上节油箱重7.7　t 总　　　重80.9　t
油　　　重18　t 产　　地 克拉玛依
变压器油牌号DB-25

图 4-9　主变压器铭牌图

任务二　控制无功补偿电容器

一、控制无功补偿电容器步骤练习

认识:变电站调节电压和无功的主要手段是调节主变的分接头和投切电容器组。通过合理调节变压器分接头和投切电容器组,能够在很大程度上改善变电站的电压质量,实现无功潮流合理平衡。调节分接头和投切电容器对电压和无功的影响为:上调分接头电压上升、无功上升,下调分接头电压下降、无功下降(对升档升压方式而言,对升档降压方式则相反);投入电容器无功下降、电压上升,切除电容器无功上升、电压下降。

　　过去老式变电站通常是人工调节电压无功,这一方面增加了值班员的负担和工作量,另一方面人为去判断、操作,很难保证调节的合理性。随着用户对供电质量要求的不断提高和无人值班变电站的增多,由人工手动调节电压无功的方式已不能适应发展的需要,所以利用电压无功自动控制装置(VQC)是实现电压和无功就地控制的最佳方案。

　　VQC 可以自动识别系统的一次接线方式、运行模式,并根据系统的运行方式和工况以及具体要求,采取对应的优化措施,使电压无功满足整定的范围。同时 VQC 具有丰富的闭锁功能,保证系统安全运行,而且用户可以根据需要灵活配置相关遥信作为闭锁信号。对于电容器组的投切,用户可以自行定义投切的顺序。

步骤:当电压越过上限,无功正常/功率因数正常时,下调分接头,如果分接头不可调,则切除电容器；电容器优先模式，切除电容器，若切电容器会导致无功/功率因数越限或者无电容器可切，则下调分接头，如果分接头不可调，则强切电容器。

当电压越过上限，无功越过上限/功率因数越过下限时，下调分接头，如果分接头不可调，则切除电容器。

当电压正常，无功越过上限/功率因数越过下限时，电压未接近上限时，投入电容器，若无电容器可投，则不动作；电压接近上限时，如果有可投的电容器，则下调分接头，否则不动作。

当电压越过下限，无功越过上限/功率因数越过下限时，投入电容器，如果投电容器会导致无功/功率因数反方向越限或者无电容器可投，则上调分接头，如果分接头不可调，则强投电容器。

当电压越过下限，无功正常/功率因数正常时，上调分接头，如果分接头不可调，则投入电容器；电容器优先模式，则投入电容器，如果投电容器会导致无功/功率因数越限或者无电容器可投，则上调分接头，如果分接头不可调，则强投电容器。

当电压越过下限，无功越过下限/功率因数越过上限时，上调分接头，如果分接头不可调，则投入电容器。当电压正常，无功越下限/功率因数越上限，电压未接近下限时，切除电容器，若无电容器可切，则不动作；电压接近下限时，如果有可切的电容器，则上调分接头，否则不动作。

当电压越过上限，无功越过下限/功率因数越过上限时切除电容器，若切电容器会导致无功/功率因数反方向越限或者无电容器可切，则下调分接头，如果分接头不可调，则强切电容器。当电压正常，无功正常/功率因数正常时，中压侧越过上限，下调分接头；中压侧越过下限，上调分接头；中压侧电压正常，则不动作。

观察： 根据以上步骤模拟试验，分别做记录并分析。

思考： 怎样计算无功补偿电容器的容量、功率、电流？

原理： 无功功率补偿装置在电子供电系统中所承担的作用是提高电网的功率因数，降低供电变压器及输送线路的损耗，提高供电效率，改善供电环境。所以无功功率补偿装置在电力供电系统中处在非常重要的位置。合理地选择补偿装置，可以做到最大限度减少网络的损耗，使电网质量提高。反之，如选择或使用不当，可能造成供电系统电压波动、谐波增大等。无功功率补偿控制器有三种采样方式：功率因数型、无功功率型、无功电流型。选择哪一种物理控制方式实际上就是对无功功率补偿控制器的选择。控制器是无功补偿装置的指挥系统，采样、运算、发出投切信号，参数设定、测量、元件保护等功能均由补偿控制器完成。

二、控制无功补偿电容器基本原理

电网输出的功率包括两部分：一是有功功率；二是无功功率。直接消耗电能，把电能转变为机械能、热能、化学能或声能，利用这些能做功，这部分功率称为有功功率；不消耗电能，只是把电能转换为另一种形式的能，这种能作为电气设备能够做功的必备条件，并且这种能是在电网中与电能进行周期性转换，这部分功率称为无功功率，如电磁元件建立磁场占用的电能，电容器建立电场所占的电能。电流在电感元件中做功时，电流超前于电压 90°；而电流在电容元件中做功时，电流滞后电压 90°。在同一电路中，电感电流与电容电流方向相反，互差 180°。如果在电磁元件电路中有比例地安装电容元件，使两者的电流相互抵消，使电流矢量与电压矢量之间的夹角缩小，从而提高电能做功的能力。

无功补偿的意义主要有以下几种：

（1）补偿无功功率，可以增加电网中有功功率的比例常数。

（2）减少发、供电设备的设计容量，减少投资，例如当功率因数 $\cos\varphi = 0.8$ 增加到 $\cos\varphi = 0.95$ 时，装 1kvar 电容器可节省设备容量 0.52kW；反之，增加 0.52kW。对原有设备而言，相当于增大了发、供电设备容量。因此，对新建和改建工程，应充分考虑无功补偿，便可以减少设计容量，从而减少投资。

（3）降低线损，由公式 $\Delta P\% = (1 - \cos\varphi/\cos\varphi') \times 100\%$ 得出，其中 $\cos\varphi'$ 为补偿后的功率因数，$\cos\varphi$ 为补偿前的功率因数，则 $\cos\varphi' > \cos\varphi$，所以提高功率因数后，线损率也下降了。减少设计容量、减少投资、增加电网中有功功率的输送比例以及降低线损，都直接决定和影响着供电企业的经济效益。所以，功率因数是考核经济效益的重要指标，规划、实施无功补偿势在必行。

三、故障处理

1. 电容器故障

电容器故障后应该退运并检修，检修完试验合格后方可继续投入使用，如果无法检修则需要更换新的电容器。

2. 电压无功补偿装置故障

电压无功补偿装置软件故障则重新启动系统，调试合格后方可使用。如果是插件故障，则需要更换新的插件。

【拓 展 知 识】

电容器和电抗器都可以提供无功功率，它们有什么区别呢？

首先，电容器提供的是容性无功，一般用来补偿变压器和发电机等感性励磁无功的。而电抗器提供的是感性无功，正好与电容器的容性无功互补。

其次，电容器主要是通过无功电流的方式向系统中输入无功，这样需要无功的设备就可以从电容器接收无功，不需要从变压器得到无功或得到少量无功。这样既节约了电能，又增大了电容器的负载率。至于电抗器的补偿作用，主要是在电容器补偿的时候调谐、滤波用的。

从无功功率方向上来说，电容器吸收感性无功功率，电抗器发出感性无功功率。从系统上来看，线路输送功率 $S = P + \mathrm{j}Q$。其中 P 为有功功率，Q 为无功功率。+ 表示有功功率与无功功率方向一致（即电流方向）。电容器补偿时，其功率为 $-\mathrm{j}Q$；电抗器补偿时，其功率为 $+\mathrm{j}Q$。无功补偿的目的是让线路中输送的都是有功功率 P，即 $S = P$。当系统中感性无功多时，$S = P + \mathrm{j}Q$，经电容器补偿后 $S = P + \mathrm{j}Q + (-\mathrm{j}Q) = P$。当系统中容性无功多时，$S = P + (-\mathrm{j}Q)$，经电抗器补偿后 $S = P + (-\mathrm{j}Q) + \mathrm{j}Q = P$。

项目五　继电保护及自动装置系统的测试

任务一　主变压器保护校验

一、主变压器主保护的校验

1. 主变压器的差动速断保护

认识：变压器差动速断保护是变压器故障保护的主要保护之一，主要是作为比率制动的差动保护的补充。差动速断保护反映变压器引出线、绕组各种相间故障和同一相的匝间故障。差动速断保护的基本原理是比较被保护变压器两侧绕组差流，当差流大于定值保护就瞬时动作。

步骤：（1）按照装置说明书连接好装置和测试仪并给装置上电。

（2）进入装置，了解装置菜单都有哪些功能。

（3）更改装置日期、时间并保存，退出后再进入查看装置能否存数据。

（4）设置好差动速断保护的动作值。

（5）根据逻辑图（图 5-1）投入差动速断保护的控制字和软、硬压板，闭锁不需要校验的保护。

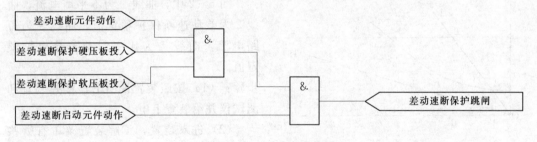

图 5-1　差动速断逻辑图

观察：（1）在测试仪上把三相电压、三相电流值设为 0，让测试仪输出，观察装置上电压、电流的数值。

（2）在测试仪上把三相电压、三相电流设置为装置的额定值，让测试仪输出，观察装置上电压、电流的数值。

（3）在测试仪上设置 1.05 倍定值的差流，开始测试，观察装置的动作情况并记录报文。

（4）在测试仪上设置 0.95 倍定值的差流，开始测试，观察装置的动作情况。

思考：在主变压器保护中已经有了比率制动的差动保护，为什么还要有差动速断保护？为什么要给装置送入 0V 电压和 0A 电流？

原理： 差动速断的原理与线路纵联差动的原理一样，都是用来比较被保护设备各侧电流的大小和相位，当输入的差流大于整定值动作的一种保护。

差动速断保护可以快速切除内部严重故障，防止由于电流互感器饱和引起的纵差保护延时动作。其整定值应按躲过变压器励磁涌流整定，一般可取：

$$I_{cdsd} = KI_e \qquad (5-1)$$

式中：K 为倍数，其值取决于变压器容量和系统阻抗的大小。$40 \sim 120$MVA 的变压器 K 值可取 $3.0 \sim 6.0$；120MVA 及以上的变压器 K 值可取 $2.0 \sim 5.0$。即变压器容量越大，或系统电抗越大，K 的取值越小。差动速断保护灵敏系数应按正常运行方式下保护安装处两相金属性短路计算，要求 $K_{sen} \geqslant 1.2$。注意装置的差动速断电流值的整定计算是以变压器的二次额定电流为基准。若在实际的整定计算中差动速断电流整定值是归算到变压器某一侧的电流有名值，则将这一有名值除以变压器这一侧的变压器二次额定电流，即为保护装置的整定值（标幺值）。

2. 主变压器比率制动差动保护

认识： 差动速断保护是按照躲过最大不平衡电流整定，当变压器容量较大时其不平衡电流非常大，这有可能导致差动速断灵敏度降低。通过分析发现，不平衡电流受电流互感器的性能、变压器连接组别、励磁涌流等影响，同时还受外部故障电流大小影响，不平衡电流会随着外部故障电流增大而变大。比率制动差动保护就是其动作值不固定，会随着不平衡电流的增大而增大，如图 5-2 所示。这样比率制动差动保护灵敏度会较高，同时也可以在短路电流比较小的情况下就可以把故障设备隔离开，一次设备所承受的短路电流变小就可以选择轻型设备。

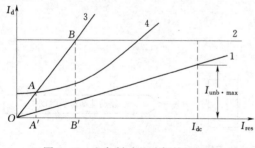

图 5-2 比率制动差动保护原理图

图 5-2 中，曲线 1 为不平衡电流，曲线 2 为差动速断保护整定值，曲线 3 为短路电流，曲线 4 为比率制动差动保护整定值。

步骤： （1）按照装置说明书连接好装置和测试仪并给装置上电。

（2）进入装置，了解装置菜单有哪些功能。

（3）更改装置日期、时间并保存，退出后再进入查看装置能否存数据。

（4）设置好装置的门槛电流、制动系数、拐点电流。

（5）根据逻辑图（图 5-3）投入差动速断保护的控制字和软、硬压板，闭锁不需要校验的保护。

观察： （1）在测试仪上把三相电压、三相电流值设为 0，让测试仪输出，观察装置上电压、电流的数值。

（2）在测试仪上把三相电压、三相电流设置为装置的额定值，让测试仪输出，观察装置上电压、电流的数值。

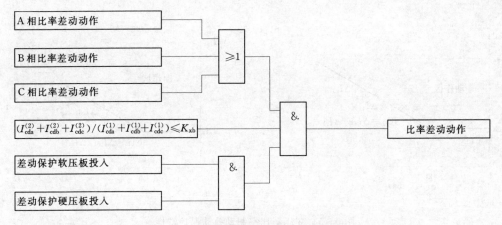

图 5-3 比率制动差动保护逻辑图

（3）在测试仪上根据装置的参数设置好测试的数值，让测试仪自动测试比率差动保护的动作特性曲线。

思考： 如何利用测试仪手动测试比率制动差动保护的特性曲线？

原理： 比率制动差动保护简单说，就是使差动电流定值随制动电流的增大而成某一比率提高，使制动电流在不平衡电流较大的外部故障时有制动作用。而在内部故障时，制动作用最小。在图 5-4 中，可以看出在保护区外和区内发生短路故障时电流互感器二次侧的电流方向不一致。因此定义：

差动电流 $$I_d = |\dot{I}_h + \dot{I}_1|$$

制动电流 $$I_{res} = |\dot{I}_h - \dot{I}_1|$$

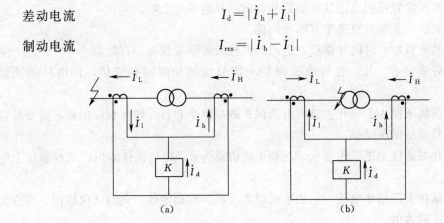

图 5-4 变压器差动保护原理接线图
(a) 变压器区外故障；(b) 变压器区内故障

目前，变压器比率制动差动保护有两折线比率制动特性和三折线比率制动特性，如图 5-5 所示。

二、主变压器后备保护的校验

1. 主变压器的复合电压闭锁的过电流保护

认识： 主变压器的后备保护根据装在不同侧可以分高压侧后备保护、中压侧后备保护和

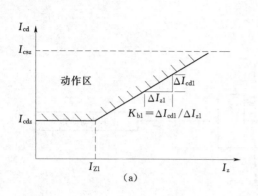

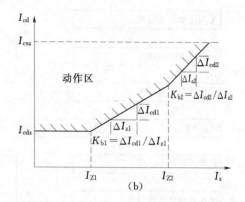

图 5-5　变压器比率制动差动保护特性
(a) 两折线比率制动曲线；(b) 三折线比率制动曲线

低压侧后备保护，但是一般每侧都会装设有过电流保护，因为过电流保护的原理都是一样的，所以每侧校验方法也都一样。过电流保护是反映电流增大而动作的一种保护，在变压器保护中主要用来作为后备保护，根据动作速度和保护范围的不同可以细分为无时限电流速断保护、限时电流速断保护和定时限过电流保护。当变压器容量较大时，过电流保护往往不能满足灵敏度的要求，这时可以采用低压启动的过电流保护；有时为了提高不对称短路的灵敏度，也采用复合电压闭锁的过电流保护。

步骤一：（1）按照装置说明书连接好装置和测试仪并给装置上电。

（2）进入装置，了解装置菜单有哪些功能。

（3）更改装置日期、时间并保存，退出后再进入查看装置能否存数据。

（4）设置好装置Ⅰ、Ⅱ、Ⅲ段电流保护电流整定值和时间整定值，低电压闭锁整定值。

（5）根据逻辑图投入Ⅰ、Ⅱ、Ⅲ段电流保护的控制字和软、硬压板，闭锁不需要校验的保护，要求只采用低压闭锁。

观察一：（1）在测试仪上把三相电压、三相电流值设为 0，让测试仪输出，观察装置上电压、电流的数值。

（2）在测试仪上把三相电压、三相电流设置为装置的额定值，让测试仪输出，观察装置上电压、电流的数值。

（3）在测试仪上分别设置Ⅰ、Ⅱ、Ⅲ段电流保护 1.05 倍定值电流，低电压整定值 0.95 倍电压，开始测试，观察装置的动作情况并记录报文。

（4）在测试仪上分别设置Ⅰ、Ⅱ、Ⅲ段电流保护 0.95 倍定值电流，低电压整定值 1.05 倍电压，开始测试，观察装置的动作情况。

步骤二：（1）设置好装置Ⅰ、Ⅱ、Ⅲ段电流保护电流整定值和时间整定值，负序电压闭锁整定值。

（2）根据逻辑图投入Ⅰ、Ⅱ、Ⅲ段电流保护的控制字和软、硬压板，闭锁不需要校验的保护，要求只采用负序电压闭锁。

观察二：（1）在测试仪上分别设置Ⅰ、Ⅱ、Ⅲ段电流保护 1.05 倍定值电流，负序电压整定值 1.05 倍电压，开始测试，观察装置的动作情况并记录报文。

（2）在测试仪上分别设置Ⅰ、Ⅱ、Ⅲ段电流保护 0.95 倍定值电流，负序电压整定值 0.95 倍电压，开始测试，观察装置的动作情况。

思考：在只要求负序电压闭锁的过电流保护中有什么方法得到负序电压？如果想又快又准确地得到负序电压又有什么方法？

原理：电网中发生各种相间短路故障，绝缘等级下降等情况下，电流会突然增大，电压突然下降，过电流保护就是按线路选择性的要求，整定电流元件的动作电流。当线路中故障电流达到电流元件的动作值时，电流元件动作按保护装置选择性的要求，有选择性地切断故障线路，通过其触点启动时间元件，经过预定的延时后，将断路器跳闸线圈接通，断路器跳闸，故障线路被切除，同时启动了信号元件发出灯光或声响信号。如果是复合电压启动的过电流保护，则还需要满足低电压或者负序电压的条件，正常情况是负序电压和低电压相"或"结果再去和电流条件相"与"，如图 5-6 所示。

2. 主变压器的零序电流保护

认识：当主变压器发生接地短路时会产生零序电压，如果变压器中性点接地也会产生零序电流，因为零序电流分量在变压器正常运行中或者对称相间短路故障中是没有的，因此，用零序电流分量来构成主变压器的接地保护可以提高保护灵敏性。主变压器零序电流保护是反映变压器接地故障的一种保护，如果变压器中性点在运行中不接地，就可以用间隙零序电流保护。零序电流保护按其装设在主变压器不同侧可以分为高压侧零序电流保护、中压侧零序电流保护、低压侧零序电流保护，但是不论装在哪一侧其检验方法都是一样的。

步骤：（1）按照装置说明书连接好装置和测试仪并给装置上电。

（2）进入装置，了解装置菜单有哪些功能。

（3）更改装置日期、时间并保存，退出后再进入查看装置能否存数据。

（4）设置好装置零序Ⅰ、Ⅱ、Ⅲ段电流保护电流整定值和时间整定值。

（5）根据逻辑图投入零序Ⅰ、Ⅱ、Ⅲ段电流保护的控制字和软、硬压板，闭锁不需要校验的保护。

观察：（1）在测试仪上把三相电压、三相电流值设为 0，让测试仪输出，观察装置上电压、电流的数值。

（2）在测试仪上把三相电压、三相电流设置为装置的额定值，让测试仪输出，观察装置上电压、电流的数值。

（3）在测试仪上分别设置零序Ⅰ、Ⅱ、Ⅲ段电流保护 1.05 倍定值电流，开始测试，观察装置的动作情况并记录报文。

（4）在测试仪上分别设置零序Ⅰ、Ⅱ、Ⅲ段电流保护 0.95 倍定值电流，开始测试，观察装置的动作情况。

思考：在测试仪上怎么获得自产零序电流？如果保护装置有专门的零序分量端子，测试仪和装置之间如何接线？测试仪怎么设置？

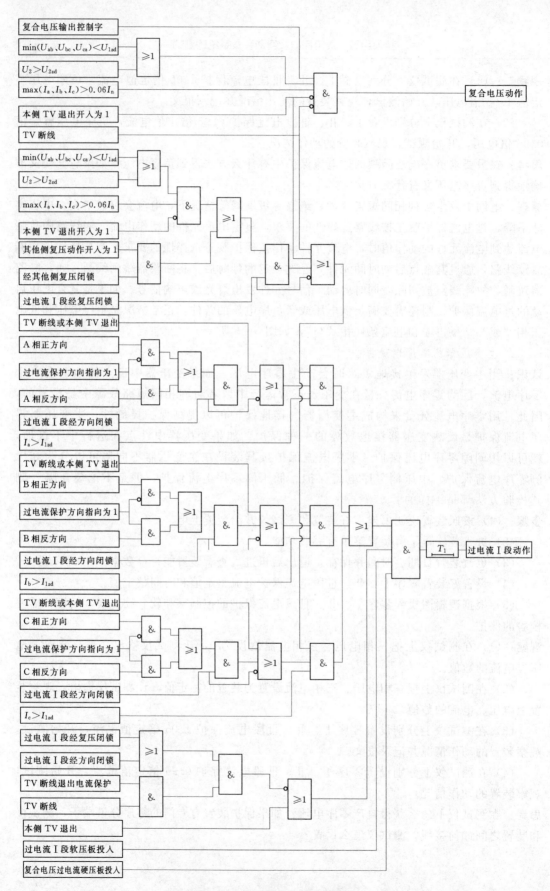

图 5-6　过电流保护Ⅰ段逻辑图

原理：变压器零序电流保护主要是用来反映变压器接地短路故障，当变压器中性点直接接地时，发生接地故障就会产生零序电流，因此，规程要求中性点直接接地系统中的变压器都要装设零序电流保护，用来作为变压器主保护范围接地故障保护和相邻元件接地短路故障的远后备。

中性点直接接地系统发生接地短路时，零序电流的大小和分布与变压器中性点接地数目和位置有关。为了使零序保护有稳定的保护范围和足够的灵敏度，在变电站中，只将部分变压器中性点接地运行。因此，这些变压器的中性点，有时接地运行，有时不接地运行。因为变压器中性点可接地可不接地，零序保护的方式还与变压器中性点的绝缘水平有关。目前电力系统运行中，根据绝缘水平分类有全绝缘变压器和分级绝缘变压器。由于全绝缘变压器绕组各处的绝缘水平相同，因此，在系统发生接地故障时，允许先断开中性点接地运行的变压器，后断开中性点不接地运行的变压器。分级绝缘变压器中性点有较高的绝缘水平时，其中性点可直接接地运行，也可在系统不失去中性点接地的情况下不接地运行。当不接地运行时，为防止发生单相接地产生的零序电压击穿变压器中性点处绝缘，所以要装设间隙零序电流保护，如图 5－7 所示。

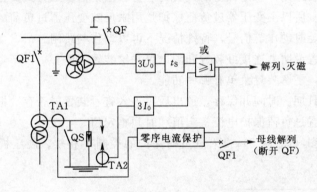

图 5－7　分级绝缘变压器零序电流保护配置图

3. 主变压器零序电压保护

认识：在中性点不接地系统中，当发生接地短路时会产生零序电压和电容电流，电容电流的大小与线路的长短、变电站设备的多少有关系。因此用电容电流构成保护来反映中性点不接地系统的接地保护灵敏性得不到保障，所以一般都采用零序电压保护来反映中性点不接地系统的接地故障。

步骤：（1）按照装置说明书连接好装置和测试仪并给装置上电。

（2）进入装置，了解装置菜单有哪些功能。

（3）更改装置日期、时间并保存，退出后再进入查看装置能否存数据。

（4）设置好装置零序电压保护电压整定值。

（5）投入零序电压保护的控制字和软、硬压板，闭锁不需要校验的保护。

观察：（1）在测试仪上把三相电压、三相电流值设为 0，让测试仪输出，观察装置上电压、电流的数值。

（2）在测试仪上把三相电压、三相电流设置为装置的额定值，让测试仪输出，观察装置上电压、电流的数值。

（3）在测试仪上设置零序电压保护 1.05 倍定值电流，开始测试，观察装置的动作情况并记录报文。

（4）在测试仪上设置零序电压保护 0.95 倍定值电流，开始测试，观察装置的动作情况。

思考： 在保护装置中零序电压一般有哪两种获得方法？

原理： 主变压器的零序电压保护主要是反映变压器接地故障，零序电压元件的输入取自相应的母线电压互感器的开口三角形，用于反映单相接地时的零序过电压，零序电压元件的动作电压应低于变压器中性点绝缘耐压水平，但在电力系统中单相接地且不失去接地中性点的情况下，保护装置不应动作。定值需经过计算，一般电压互感器二次侧电压为 150～180V（$\alpha = 2 \sim 3$）。

4. 主变压器过负荷保护

认识： 主变压器在运行中由于系统运行方式的改变可能会导致过负荷运行的情况，主变压器在设计和制造时已经允许一定程度的过负荷运行，但是需要运行人员密切关注主变压器油温、油压等参数。所以主变压器过负荷保护是用来反映变压器过负荷的一种保护，过负荷保护一般带一定延时动作与信号，特殊情况下可以动作与跳闸。

步骤：（1）按照装置说明书连接好装置和测试仪并给装置上电。

（2）进入装置，了解装置菜单有哪些功能。

（3）更改装置日期、时间并保存，退出后再进入查看装置能否存数据。

（4）设置好装置过负荷保护电流整定值和时间整定值。

（5）根据逻辑图（图 5-8）投入过负荷保护的控制字和软、硬压板，闭锁不需要校验的保护。

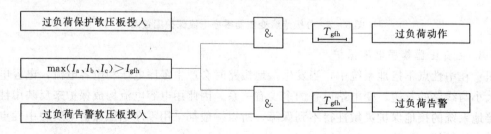

图 5-8　过负荷保护逻辑图

观察：（1）在测试仪上把三相电压、三相电流值设为 0，让测试仪输出，观察装置上电压、电流的数值。

（2）在测试仪上把三相电压、三相电流设置为装置的额定值，让测试仪输出，观察装置上电压、电流的数值。

（3）在测试仪上设置过负荷保护 1.05 倍定值电流，开始测试，观察装置的动作情况并记录报文。

（4）在测试仪上设置过负荷保护 0.95 倍定值电流，开始测试，观察装置的动作情况。

思考： 过负荷保护和过电流保护有什么区别？

原理： 主变压器过负荷保护是当变压器过载电流大于整定电流时，保护动作延时发出信号，因为变压器过负荷电流在绝大多数情况下都是对称的，所以只需要装设单相过负荷保护，因变压器过负荷保护是反映变压器对称过负荷引起的过电流，保护只需要在任一相装设即可。

任务二　线路保护装置校验

一、输电线路电流保护的校验

（一）输电线路相间短路电流保护

1. 输电线路无时限电流速断保护（电流Ⅰ段）

认识： 无时限电流速断保护是一种反映电流增大而动作时间为零的一种保护，当保护元件测量电流大于整定值就动作，跳开线路断路器。

步骤：（1）按照装置说明书连接好装置和测试仪并给装置上电。

（2）进入装置，了解装置菜单有哪些功能。

（3）更改装置日期、时间并保存，退出后再进入查看装置能否存数据。

（4）设置好装置无时限电流保护电流整定值。

（5）根据逻辑图（图5-9）投入无时限电流保护的控制字和软、硬压板，闭锁不需要校验的保护。

观察：（1）在测试仪上把三相电压、三相电流值设为0，让测试仪输出，观察装置上电压、电流的数值。

（2）在测试仪上把三相电压、三相电流设置为装置的额定值，让测试仪输出，观察装置上电压、电流的数值。

（3）在测试仪上设置无时限电流速断保护1.05倍定值电流，开始测试，观察装置的动作情况并记录报文。

（4）在测试仪上设置无时限电流速断保护0.95倍定值电流，开始测试，观察装置的动作情况。

思考： 无时限电流速断保护是怎么保证选择性的？

原理： 当电力系统的相间短路故障发生在靠近电源侧时，短路电流不仅对电力设备构成很大的损害，还可能危及电力系统的安全，甚至造成电力系统瓦解，这就要求能快速切断故障来维护电力系统的安全。无时限电流速断保护就是为满足这一要求而设置的，它是反映电流增大而不带时限动作的一种保护，广泛应用于输电线路和电气设备保护中。

2. 输电线路限时电流速断保护（电流Ⅱ段）

认识： 无时限电流速断保护不能保护线路的全长，因此，增设一段电流保护来保护线路的全长，这就是限时电流速断保护，也称电流Ⅱ段保护。

步骤：（1）按照装置说明书连接好装置和测试仪并给装置上电。

（2）进入装置，了解装置菜单有哪些功能。

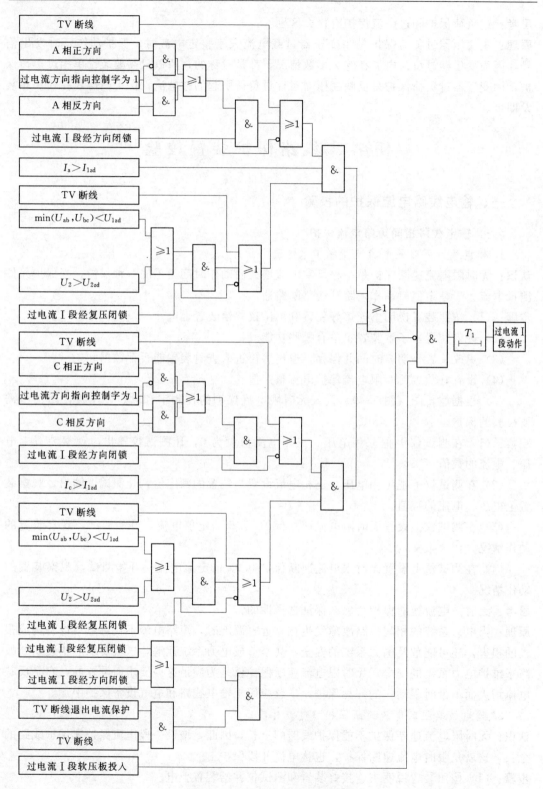

图 5-9（一） 电流保护逻辑图

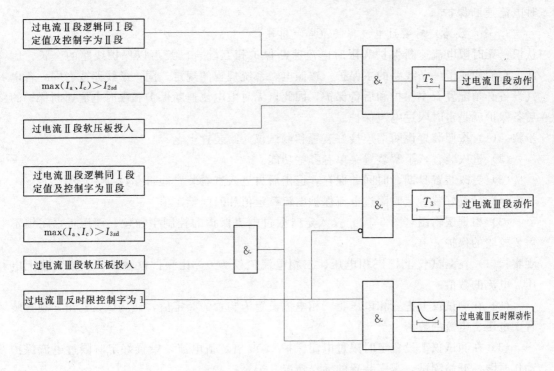

图 5-9（二）　电流保护逻辑图

（3）更改装置日期、时间并保存，退出后再进入查看装置能否存数据。

（4）设置好装置限时电流速断保护电流整定值和时间整定值。

（5）根据逻辑图（图 5-9）投入限时电流速断保护的控制字和软、硬压板，闭锁不需要校验的保护。

观察：（1）在测试仪上把三相电压、三相电流值设为 0，让测试仪输出，观察装置上电压、电流的数值。

（2）在测试仪上把三相电压、三相电流设置为装置的额定值，让测试仪输出，观察装置上电压、电流的数值。

（3）在测试仪上设置限时电流速断保护 1.05 倍定值电流，设置好限时电流速断保护动作时限，开始测试，观察装置的动作情况并记录报文。

（4）在测试仪上设置限时电流速断保护 0.95 倍定值电流，设置好限时电流速断保护动作时限，开始测试，观察装置的动作情况。

思考：限时电流速断保护是怎么保证选择性的？

原理：在线路系统中，一条输电线路末端同一种短路方式下的短路电流和下一条线路首端的短路电流是相等的，无时限电流速断保护如果能保护到本线路的末端必然就保护到了下一条线路的首端，这就会导致无时限电流速断保护动作无选择性。所以，为了保证选择性，无时限电流速断只能缩短保护范围，这同样出现了新问题，就是本线路末端有一部分不在保护范围内，为了解决选择性和最后本线路末端一部分无保护的情况，增设了一段新的保护让其带上较小的动作时间同时保护本线路全长，这就是限时电流速断保护。

3. 输电线路定时限过电流保护（电流Ⅲ段）

认识： 无时限电流速断保护和限时电流速断保护相互配合已经可以保护线路的全长，因此，它们构成了一条线路的主保护。按照电力系统规程的规定，同一条线路或者同一台电气设备必须配置有主保护和后备保护，因此，无时限电流速断保护和限时电流速断保护的后备保护就是定时限过电流保护。

步骤：（1）按照装置说明书连接好装置和测试仪并给装置上电。

（2）进入装置，了解装置菜单有哪些功能。

（3）更改装置日期、时间并保存，退出后再进入查看装置能否存数据。

（4）设置好装置定时限过电流保护电流整定值和时间整定值。

（5）根据逻辑图（图 5-9）投入定时限过电流保护的控制字和软、硬压板，闭锁不需要校验的保护。

观察：（1）在测试仪上把三相电压、三相电流值设为 0，让测试仪输出，观察装置上电压、电流的数值。

（2）在测试仪上把三相电压、三相电流设置为装置的额定值，让测试仪输出，观察装置上电压、电流的数值。

（3）在测试仪上设置定时限过电流保护 1.05 倍定值电流，设置好定时限过电流保护动作时限，开始测试，观察装置的动作情况并记录报文。

（4）在测试仪上设置定时限过电流保护 0.95 倍定值电流，设置好定时限过电流保护动作时限，开始测试，观察装置的动作情况。

思考： 定时限过电流的动作时限能否设置为零？

原理： 在线路系统中过电流保护通常是指其动作电流按躲过最大负荷电流来整定，而时限按阶梯性原则来整定的一种电流保护。在系统正常运行时它不启动，而在电网发生故障时，则能反映电流的增大而动作，它不仅能保护本线路的全长，而且能保护下一条线路的全长。作为本线路主保护拒动的近后备保护，也作为下一条线路保护和断路器拒动的远后备保护。

4. 输电线路方向性电流保护

认识： 在电力系统中一条线路往往有两个或两个以上的电源，有些系统也处于环网运行，对于这种情况，普通的电流保护无法满足选择性的要求，这就需要对三段式电流保护加以改进，通过分析可以知道，在原来三段式电流保护的基础上加上方向元件就可以满足选择性的要求，这就是方向性电流保护。

步骤：（1）按照装置说明书连接好装置和测试仪并给装置上电。

（2）进入装置，了解装置菜单有哪些功能。

（3）更改装置日期、时间并保存，退出后再进入查看装置能否存数据。

（4）设置好装置电流Ⅰ、Ⅱ、Ⅲ段保护电流整定值和时间整定值。

（5）根据逻辑图（图 5-9）投入电流Ⅰ、Ⅱ、Ⅲ段保护的控制字和软、硬压板，闭锁不需要校验的保护。

（6）根据逻辑图投入正或者反方向控制字。

观察：（1）在测试仪上把三相电压、三相电流值设为 0，让测试仪输出，观察装置上电压、电流的数值。

（2）在测试仪上把三相电压、三相电流设置为装置的额定值，让测试仪输出，观察装置上电压、电流的数值。

（3）在测试仪上设置电流Ⅰ段保护 1.05 倍定值电流同时设置好电流的角度在正方向内，设置好电压值的大小同时让电压角度为参考量即零度，开始测试，观察装置的动作情况并记录报文。

（4）在测试仪上设置电流Ⅰ段保护 1.05 倍定值电流同时设置好电流的角度在反方向内，设置好电压值的大小同时让电压角度为参考量即零度，开始测试，观察装置的动作情况并记录报文。

思考：如何测试反向元件的最灵敏角？

原理：为了提高供电的可靠性，电力系统大量采用双侧电源辐射形电网或环形电网，在这样的电网中，为切除故障线路，应在线路两侧装设断路器和保护装置。当线路发生故障时，线路两侧的保护均应动作，跳开两侧的断路器。图 5 - 10 所示为双侧电源辐射形电网，当线路 L1 的 k_1 点短路时，按照选择性要求在线路 L1 两侧的保护 1、2 应动作，使 QF1、QF2 跳闸，将故障线路 L1 从电网中切除。故障线路切除后，接在 M 母线上的用户以及 N、P、Q 母线上的用户，仍然由电源 E_{I} 和 E_{II} 分别继续供电。

如果在 k_2 点发生短路时，流过保护 P2 的功率方向是由线路指向母线，保护 P2 不应动作；而流过保护 P3 的功率方向是由母线指向线路，保护 3 应动作。同样，当在 k_1 点发生短路时，流过保护 P3 的功率方向是由线路指向母线，保护 3 不应动作；而流过保护 P2 的功率方向是由母线指向线路，保护 P2 应动作。由此可知，若在保护 P2 和 P3 上各加一判别短路功率方向的元件，且只有当短路功率方向是由母线指向线路时，才允许保护动作，反之不动作。这样就解决了保护动作的选择性问题。这种在电流保护的基础上加一方向元件构成的保护称为方向性电流保护。

图 5 - 10 所示为双侧电源辐射形电网，电网中装设了方向性电流保护。图中所示箭头方向为各保护方向元件的动作方向，这样就可将两个方向的保护拆开看成两个单电源辐射形电网的保护。其中，保护 P1、P3、P5 为一组，保护 P2、P4、P6 为另一组，同方向的过电流保护时限仍按阶梯原则来整定，它们的时限特性如图 5 - 10（d）所示。当线路 NP 上发生短路时，保护 P2 和 P5 的短路功率方向是由线路流向母线，与保护方向相反，即功率方向为负，保护不动作。而保护 P1、P3、P4、P6 处短路功率方向为由母线流向线路，与保护方向相同，即功率方向为正，故保护 P1、P3、P4、P6 都启动，但由于 $t_1^{III} >$ t_3^{III}，$t_6^{III} > t_4^{III}$，故保护 P3 和 P4 先动作跳开相应断路器，短路故障消除后保护 P1 和 P6 返回，从而保证了保护动作的选择性。

（二）输电线路接地短路电流保护

1. 输电线路零序电流速断保护（零序电流Ⅰ段）

认识：中性点直接接地电网发生单相接地故障时，会产生大量的零序电流，而在系统正常运行时零序电流非常小甚至没有。用零序电流来构成的保护称为零序电流保护，可以提高接地故障的灵敏性。零序电流保护与相间电流保护类似，为了确保选择性也分为零序电流

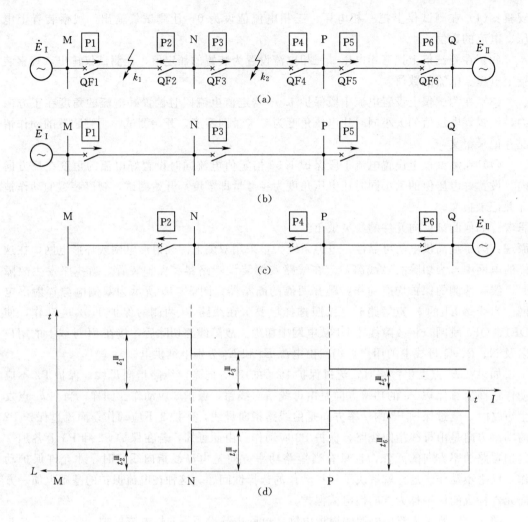

图 5-10 双侧电源辐射形电网及保护时限特性
(a) 网络接线图；(b) 单侧电源 $\dot{E}_{\text{I}}$ 供电网络；(c) 单侧电源 $\dot{E}_{\text{II}}$ 供电网络；
(d) 保护时限特性图

速断保护、限时零序电流速断保护和零序过电流保护。零序电流速断保护，也称零序电流
Ⅰ段保护，是反映零序电流增大而动作的一种保护，动作时间为零。

步骤：（1）按照装置说明书连接好装置和测试仪并给装置上电。

（2）进入装置，了解装置菜单有哪些功能。

（3）更改装置日期、时间并保存，退出后再进入查看装置能否存数据。

（4）设置好装置零序电流速断保护电流整定值。

（5）根据逻辑图（图 5-11）投入零序电流速断保护的控制字和软、硬压板，闭锁不
需要校验的保护。

观察：（1）在测试仪上把三相电压、三相电流值设为 0，让测试仪输出，观察装置上电
压、电流的数值。

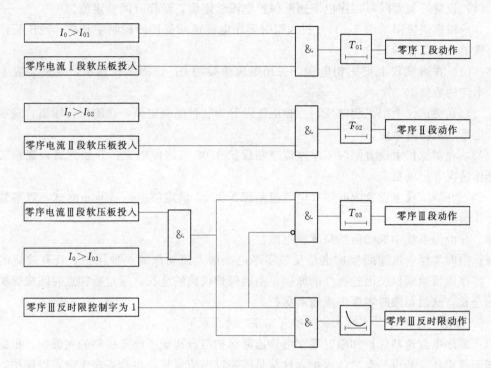

图 5-11　零序电流保护逻辑图

（2）在测试仪上把三相电压、三相电流设置为装置的额定值，让测试仪输出，观察装置上电压、电流的数值。

（3）在测试仪上设置零序电流速断保护 1.05 倍定值电流，开始测试，观察装置的动作情况并记录报文。

（4）在测试仪上设置零序电流速断保护 0.95 倍定值电流，开始测试，观察装置的动作情况。

思考：在测试仪中怎么得到零序电流？

原理：如果在中性点直接接地电网中，电流互感器采用完全星形接法，对单相接地故障也能反映，但是因动作电流较大所以灵敏性较低，而且对于辐射形网络还会导致整个网络的选择性出问题。通过分析发现，对于中性点直接接地电网出现单相接地故障时，出现大量的零序电流分量，而零序电流分量在正常运行或者三相短路时没有，因此可以专门用零序电流构成保护来反映接地故障，这种保护就是零序电流保护。

2. 输电线路限时零序电流速断保护（零序电流Ⅱ段）

认识：与相间电流保护的原因一样，零序电流速断保护不能保护本线路的全长，所以增设新的零序保护即限时零序电流速断保护，也称零序电流Ⅱ段保护，是反映零序电流增大而动作的一种保护，有较小的动作延时。

步骤：（1）按照装置说明书连接好装置和测试仪并给装置上电。

（2）进入装置，了解装置菜单有哪些功能。

（3）更改装置日期、时间并保存，退出后再进入查看装置能否存数据。

（4）设置好装置限时零序电流速断保护电流整定值，动作时间整定值。

（5）根据逻辑图（图 5-11）投入限时零序电流速断保护的控制字和软、硬压板，闭锁不需要校验的保护。

观察：（1）在测试仪上把三相电压、三相电流值设为 0，让测试仪输出，观察装置上电压、电流的数值。

（2）在测试仪上把三相电压、三相电流设置为装置的额定值，让测试仪输出，观察装置上电压、电流的数值。

（3）在测试仪上设置限时零序电流速断保护 1.05 倍定值电流，开始测试，观察装置的动作情况并记录报文。

（4）在测试仪上设置限时零序电流速断保护 0.95 倍定值电流，开始测试，观察装置的动作情况。

思考：在电力系统中如如何获得零序电流？

原理：限时零序电流速断保护也是反映零序电流增大而动作的一种保护，具有较短的延时。零序电流速断保护因选择性的原因，不能保护线路的全长。通过牺牲点时间来保护线路的全长，这就是限时零序电流速断保护。

3. 输电线路限时零序过电流保护（零序电流Ⅲ段）

认识：零序电流速断保护和限时零序电路速断保护组合构成了整条线路的主保护，根据电力规程规定还要装设一套后备保护，这就是零序过电流保护，也称零序电流Ⅲ段保护，具有一定的延时。

步骤：（1）按照装置说明书连接好装置和测试仪并给装置上电。

（2）进入装置，了解装置菜单有哪些功能。

（3）更改装置日期、时间并保存，退出后再进入查看装置能否存数据。

（4）设置好装置零序过电流保护电流整定值，动作时间整定值。

（5）根据逻辑图（图 5-11）投入零序过电流保护的控制字和软、硬压板，闭锁不需要校验的保护。

观察：（1）在测试仪上把三相电压、三相电流值设为 0，让测试仪输出，观察装置上电压、电流的数值。

（2）在测试仪上把三相电压、三相电流设置为装置的额定值，让测试仪输出，观察装置上电压、电流的数值。

（3）在测试仪上设置零序过电流保护 1.05 倍定值电流，开始测试，观察装置的动作情况并记录报文。

（4）在测试仪上设置零序过电流保护 0.95 倍定值电流，开始测试，观察装置的动作情况；

思考：零序过电流保护动作时间能否设置为零？能否作为主保护使用？

原理：零序过电流保护的作用相当于相间短路的过电流保护，在一般情况下作为本线路的近后备保护、相邻线路远后备保护使用。是反映零序电流增大而动作带有一定延时的保护，在中性点直接接地电网中反映单相接地故障有较高的灵敏性。

二、输电线路距离保护的校验

(一）输电线路相间短路距离保护

1. 输电线路相间距离Ⅰ段保护

认识： 输电线路相间距离Ⅰ段保护是一种反映阻抗减小而动作，动作时限为零的一种保护。当保护元件测量阻抗小于整定值就动作，跳开线路断路器。

步骤： （1）按照装置说明书连接好装置和测试仪并给装置上电。

（2）进入装置，了解装置菜单有哪些功能。

（3）更改装置日期、时间并保存，退出后再进入查看装置能否存数据。

（4）设置好装置相间距离Ⅰ段保护阻抗整定值。

（5）根据逻辑图（图5-12）投入相间距离Ⅰ段保护的控制字和软、硬压板，闭锁不需要校验的保护。

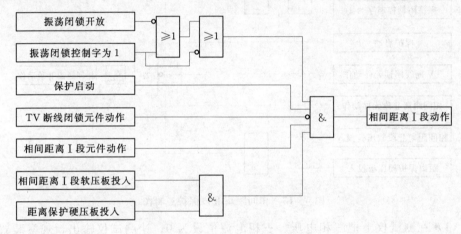

图5-12 相间距离Ⅰ段保护逻辑图

观察： （1）在测试仪上把三相电压、三相电流值设为0，让测试仪输出，观察装置上电压、电流的数值。

（2）在测试仪上把三相电压、三相电流设置为装置的额定值，让测试仪输出，观察装置上电压、电流的数值。

（3）在测试仪上设置相间距离Ⅰ段保护0.95倍定值阻抗，开始测试，观察装置的动作情况并记录报文。

（4）在测试仪上设置相间距离Ⅰ段保护1.05倍定值阻抗，开始测试，观察装置的动作情况。

思考： 相间距离Ⅰ段保护和无时限电流保护有什么区别？它们测量的参数分别是什么？

原理： 电流、电压保护的主要优点是简单、可靠、经济，但是，它的灵敏度受电网的接线以及电力系统的运行方式变化的影响，灵敏系数和保护范围往往不能满足要求，对于容量大、电压高或结构复杂的网络，它们难以满足电网对保护的要求。相间距离Ⅰ段保护就是为满足这一要求而设置的，其是反映阻抗减小而不带时限动作的一种保护，广泛应用于110kV输电线路保护中。

2. 输电线路相间距离Ⅱ段保护

认识： 输电线路相间短路相间距离Ⅰ段保护因为选择性的原因，不能保护本线路的全长，为了解决这个问题，增设一段新的距离保护即相间距离Ⅱ段保护。相间距离Ⅱ段保护是反映测量阻抗减小，动作时限较短的一种保护。

步骤： （1）按照装置说明书连接好装置和测试仪并给装置上电。

（2）进入装置，了解装置菜单有哪些功能。

（3）更改装置日期、时间并保存，退出后再进入查看装置能否存数据。

（4）设置好装置相间距离Ⅱ段保护阻抗整定值，动作时间整定值。

（5）根据逻辑图（图5-13）投入相间距离Ⅱ段保护的控制字和软、硬压板，闭锁不需要校验的保护。

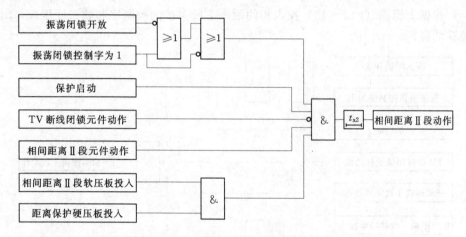

图5-13　相间距离Ⅱ段保护逻辑图

观察： （1）在测试仪上把三相电压、三相电流值设为0，让测试仪输出，观察装置上电压、电流的数值。

（2）在测试仪上把三相电压、三相电流设置为装置的额定值，让测试仪输出，观察装置上电压、电流的数值。

（3）在测试仪上设置相间距离Ⅱ段保护0.95倍定值阻抗，开始测试，观察装置的动作情况并记录报文。

（4）在测试仪上设置相间距离Ⅱ段保护1.05倍定值阻抗，开始测试，观察装置的动作情况。

思考： 距离保护测量元件的动作特性有哪些？

原理： 在电力系统中本线路末端的阻抗和相邻线路首端的阻抗相等，这就使相间距离Ⅰ段保护如果要保护本线路的全长，必然会保护到相邻线路，这将导致相间距离Ⅰ段保护动作没有选择性，这时相间距离Ⅰ段保护只好缩短保护范围，这又将导致本线路末端有一部分不在相间距离Ⅰ段保护的保护范围内。为了解决这个矛盾，只好让末端这一小部分带较小的延时。这就是相间距离Ⅱ段保护，其反映测量阻抗减小动作带上较小延时的一种保护。这样相间距离Ⅰ段保护和相间距离Ⅱ段保护相互配合就可以保护完本线路的全长，它们两者构成了本线路的主保护。

3. 输电线路相间距离Ⅲ段保护

认识：输电线路相间距离Ⅰ段保护和相间距离Ⅱ段保护构成了线路的主保护，所以增设一段后备保护即相间距离Ⅲ段保护。相间距离Ⅲ段保护是反映测量阻抗减小，动作时限较长的一种保护。

步骤：(1) 按照装置说明书连接好装置和测试仪并给装置上电。

(2) 进入装置，了解装置菜单有哪些功能。

(3) 更改装置日期、时间并保存，退出后再进入查看装置能否存数据。

(4) 设置好装置相间距离Ⅲ段保护阻抗整定值，动作时间整定值。

(5) 根据逻辑图（图5-14）投入相间距离Ⅲ段保护的控制字和软、硬压板，闭锁不需要校验的保护。

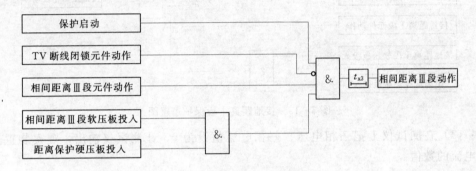

图5-14　相间距离Ⅲ段保护逻辑图

观察：(1) 在测试仪上把三相电压、三相电流值设为0，让测试仪输出，观察装置上电压、电流的数值。

(2) 在测试仪上把三相电压、三相电流设置为装置的额定值，让测试仪输出，观察装置上电压、电流的数值。

(3) 在测试仪上设置相间距离Ⅲ段保护0.95倍定值阻抗，开始测试，观察装置的动作情况并记录报文。

(4) 在测试仪上设置相间距离Ⅲ段保护1.05倍定值阻抗，开始测试，观察装置的动作情况。

思考：在最后一级线路中是否要同时设三段距离保护？

原理：相间距离Ⅰ段保护和相间距离Ⅱ段保护相互配合就可以保护完本线路的全长，它们两者构成了本线路的主保护。根据电力系统规程规定，一条线路或者一台设备需要配变主保护和后备保护，相间距离Ⅲ段保护作为本线路的近后备和相邻线路的远后备。

（二）输电线路接地短路距离保护

1. 输电线路接地距离Ⅰ段保护

认识：输电线路零序保护不能满足要求时就采用接地距离保护，接地距离Ⅰ段保护是一种反映阻抗减小而动作，动作时限为零的一种保护。当保护元件测量阻抗小于整定值就动作，跳开线路断路器。

步骤：(1) 按照装置说明书连接好装置和测试仪并给装置上电。

（2）进入装置，了解装置菜单有哪些功能。

（3）更改装置日期、时间并保存，退出后再进入查看装置能否存数据。

（4）设置好装置接地距离Ⅰ段保护阻抗整定值。

（5）根据逻辑图（图5-15）投入接地距离Ⅰ段保护的控制字和软、硬压板，闭锁不需要校验的保护。

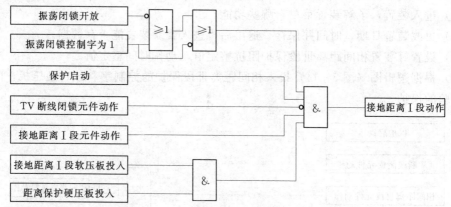

图5-15　接地距离Ⅰ段保护逻辑图

观察：（1）在测试仪上把三相电压、三相电流值设为0，让测试仪输出，观察装置上电压、电流的数值。

（2）在测试仪上把三相电压、三相电流设置为装置的额定值，让测试仪输出，观察装置上电压、电流的数值。

（3）在测试仪上设置接地距离Ⅰ段保护0.95倍定值阻抗，开始测试，观察装置的动作情况并记录报文。

（4）在测试仪上设置接地距离Ⅰ段保护1.05倍定值阻抗，开始测试，观察装置的动作情况。

思考：如何获得接地距离保护的参数？

原理：接地距离保护用在电力系统发生单相接地故障中，分为接地距离Ⅰ段保护、接地距离Ⅱ段保护、接地距离Ⅲ段保护，都是反映阻抗减小而动作的一种保护，接地距离Ⅰ段保护作为本线路的主保护，动作不带延时。

2. 输电线路接地距离Ⅱ段保护

认识：输电线路相间短路接地距离Ⅰ段保护因为选择性的原因，不能保护本线路的全长，为了解决这个问题，增设一段新的接地距离保护即接地距离Ⅱ段保护。接地距离Ⅱ段保护是反映测量阻抗减小，动作时限较短的一种保护。

步骤：（1）按照装置说明书连接好装置和测试仪并给装置上电。

（2）进入装置，了解装置菜单有哪些功能。

（3）更改装置日期、时间并保存，退出后再进入查看装置能否存数据。

（4）设置好装置接地距离Ⅱ段保护阻抗整定值，动作时间整定值。

（5）根据逻辑图（图5-16）投入接地距离Ⅱ段保护的控制字和软、硬压板，闭锁不需要校验的保护。

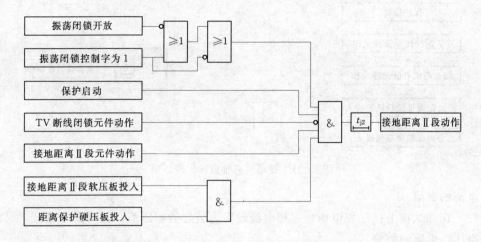

图 5-16　接地距离Ⅱ段保护逻辑图

观察：（1）在测试仪上把三相电压、三相电流值设为 0，让测试仪输出，观察装置上电压、电流的数值。

（2）在测试仪上把三相电压、三相电流设置为装置的额定值，让测试仪输出，观察装置上电压、电流的数值。

（3）在测试仪上设置接地距离Ⅱ段保护 0.95 倍定值阻抗，开始测试，观察装置的动作情况并记录报文。

（4）在测试仪上设置接地距离Ⅱ段保护 1.05 倍定值阻抗，开始测试，观察装置的动作情况。

思考：接地距离Ⅱ段保护和接地距离Ⅰ段保护哪个的保护范围长？

原理：与相间距离保护类似，接地距离Ⅰ段保护因为选择性的原因不能保护本线路的全长，因此必须增设新的保护，这就是接地距离Ⅱ段保护，它是反映测量阻抗减小动作带上较小延时的一种保护。这样接地距离Ⅰ段保护和接地距离Ⅱ段保护相互配合就可以保护本线路的全长，两者构成了本线路的接地故障主保护。

3. 输电线路接地距离Ⅲ段保护

认识：输电线路接地距离Ⅰ段保护和接地距离Ⅱ段保护构成了本线路接地故障主保护，需增设一段后备保护即接地距离Ⅲ段保护。接地距离Ⅲ段保护是反映测量阻抗减小，动作时限较长的一种保护。

步骤：（1）按照装置说明书连接好装置和测试仪并给装置上电。

（2）进入装置，了解装置菜单有哪些功能。

（3）更改装置日期、时间并保存，退出后再进入查看装置能否存数据。

（4）设置好装置接地距离Ⅲ段保护阻抗整定值，动作时间整定值。

（5）根据逻辑图（图 5-17）投入接地距离Ⅲ段保护的控制字和软、硬压板，闭锁不需要校验的保护。

观察：（1）在测试仪上把三相电压、三相电流值设为 0，让测试仪输出，观察装置上电

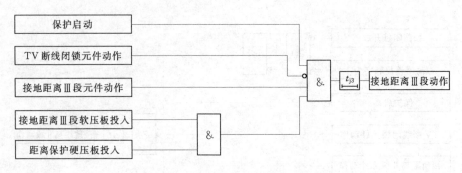

图 5-17　接地距离Ⅲ段保护逻辑图

压、电流的数值。

（2）在测试仪上把三相电压、三相电流设置为装置的额定值，让测试仪输出，观察装置上电压、电流的数值。

（3）在测试仪上设置接地距离Ⅲ段保护 0.95 倍定值阻抗，开始测试，观察装置的动作情况并记录报文。

（4）在测试仪上设置接地距离Ⅲ段保护 1.05 倍定值阻抗，开始测试，观察装置的动作情况。

思考：接地距离保护和相间距离保护分别从何处取得参数？

原理：接地距离Ⅰ段保护和接地距离Ⅱ段保护相互配合就可以保护本线路的全长，它们两者构成了本线路接地故障的主保护。根据电力系统规程规定，一条线路或者一台设备需要配变主保护和后备保护，接地距离Ⅲ段保护作为本线路的近后备和相邻线路的远后备。

三、输电线路差动保护的校验

1. 分相稳态Ⅰ段相差动保护（纵差高定值保护）

认识：比较线路两端电流差的一种保护，动作不带延时，在保护范围内任意一点发生故障都可以快速动作。

步骤：（1）按照装置说明书连接好装置和测试仪并给装置上电。

（2）进入装置，了解装置菜单有哪些功能。

（3）更改装置日期、时间并保存，退出后再进入查看装置能否存数据。

（4）设置好装置差动高定值整定值。

（5）根据逻辑图（图 5-18）投入稳态Ⅰ段相差动保护和软、硬压板，闭锁不需要校验的保护。

观察：（1）在测试仪上把三相电压、三相电流值设为 0，让测试仪输出，观察装置上电压、电流的数值。

（2）在测试仪上把三相电压、三相电流设置为装置的额定值，让测试仪输出，观察装置上电压、电流的数值。

（3）向对侧电流 I_a 和本侧电流 I_a 通道分别通入电流。

（4）让 A 相差流大于整定值，开始测试，观察装置的动作情况并记录报文。

B 相、C 相校验的方法同 A 相。

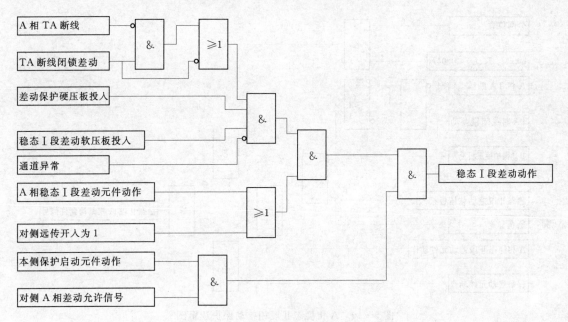

图 5-18　A 相稳态 I 段相差动保护逻辑图

2. 分相稳态 II 段相差动保护（纵差低定值保护）

认识： 比较线路两端电流差的一种保护，动作不带延时，在保护范围内任意一点发生故障都可以快速动作。

步骤：（1）按照装置说明书连接好装置和测试仪并给装置上电。

（2）进入装置，了解装置菜单有哪些功能。

（3）更改装置日期、时间并保存，退出后再进入查看装置能否存数据。

（4）设置好装置差动低定值整定值。

（5）根据逻辑图（图 5-19）投入稳态 II 段相差动保护和软、硬压板，闭锁不需要校验的保护。

观察：（1）在测试仪上把三相电压、三相电流值设为 0，让测试仪输出，观察装置上电压、电流的数值。

（2）在测试仪上把三相电压、三相电流设置为装置的额定值，让测试仪输出，观察装置上电压、电流的数值。

（3）向对侧电流 I_a 和本侧电流 I_a 通道分别通入电流。

（4）让 A 相差流大于整定值，开始测试，观察装置的动作情况并记录报文。

B 相、C 相校验的方法同 A 相。

3. 零序差动保护

认识： 比较线路两端零序电流差的一种保护，动作不带延时，在保护范围内任意一点发生故障都可以快速动作。

步骤：（1）按照装置说明书连接好装置和测试仪并给装置上电。

（2）进入装置，了解装置菜单有哪些功能。

（3）更改装置日期、时间并保存，退出后再进入查看装置能否存数据。

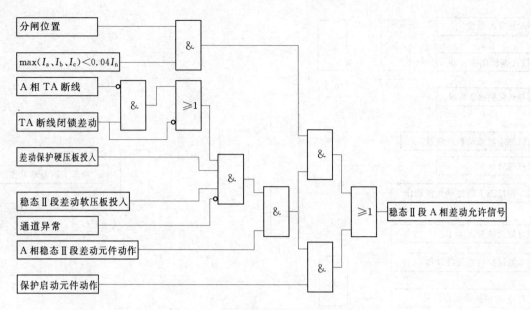

图 5 - 19　A 相稳态 II 段相差动保护逻辑图

（4）设置好装置零序差动高定值整定值。

（5）根据逻辑图（图 5 - 20）投入零序电流差动保护和软、硬压板，闭锁不需要校验的保护。

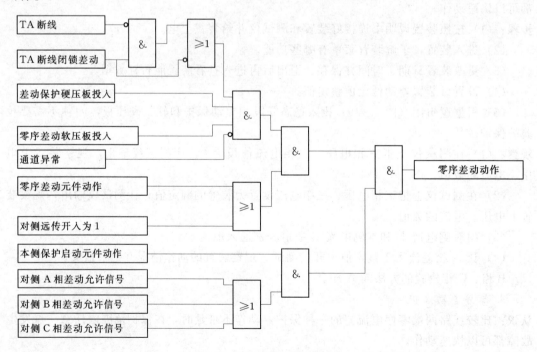

图 5 - 20　零序差动保护逻辑图

观察：（1）在测试仪上把三相电压、三相电流值设为 0，让测试仪输出，观察装置上电压、电流的数值。

（2）在测试仪上把三相电压、三相电流设置为装置的额定值，让测试仪输出，观察装置上电压、电流的数值。

（3）向对侧零序电流 I_0 和本侧零序电流 I_0 通道分别通入电流。

（4）让零序差流大于整定值，开始测试，观察装置的动作情况并记录报文。

思考： 差动保护是怎样传递两侧电流信号的？

原理： 电流、电压、零序电流和距离保护都是反映输电线路一侧电气量变化的保护，这种反映一侧电气量变化的保护从原理上讲都区分不开本线路末端和相邻线路始端的短路。对于高电压、远距离输电线路，往往要求配置全线速动保护作为主保护。而仅反映一侧电气量的保护已经不能满足要求，从原理上看，要构成全线速动保护都要反映线路两端的电气量。用以比较线路两端电流的大小和相位的保护称为纵联差动保护。目前在超高压线路中运用的有：稳态Ⅰ段相差动保护（纵差高定值保护）、稳态Ⅱ段相差动保护（纵差低定值保护）和零序差动保护等。

任务三　备自投装置校验

认识： 备用电源自动投入装置是当工作电源（或工作设备）因故障被断开后，能自动而迅速地将备用电源（或备用设备）投入工作，保证用户连续供电的一种装置，简称备自投。

步骤：（1）按照装置说明书连接好装置和测试仪并给装置上电。

（2）进入装置，了解装置菜单有哪些功能。

（3）更改装置日期、时间并保存，退出后再进入查看装置能否存数据。

（4）选择备自投工作方式。

（5）整定装置母线残压定值。

（6）整定装置失电压定值，启动时间。

（7）整定装置无压定值。

观察：（1）在测试仪上把三相电压、三相电流值设为 0，让测试仪输出，观察装置上电压、电流的数值。

（2）在测试仪上把三相电压、三相电流设置为装置的额定值，让测试仪输出，观察装置上电压、电流的数值。

（3）分段备投。

1）按照装置说明书检查分段或桥开关备投功能的闭锁（放电）条件，先满足备自投充电条件，再逐一模拟每一个放电条件，检查装置的充电指示灯情况。

2）使进线1、进线2开关合位，且 KKJ 在合后位置，母联开关在分位，Ⅰ、Ⅱ母均有压；待备自投充电后，模拟Ⅰ母无压无流，观察装置及断路器的动作情况。同样的方法模拟Ⅱ母无压无流，观察装置及断路器的动作情况。

（4）进线备投。

1）按照装置说明书检查进线开关备投功能的闭锁（放电）条件，先满足备自投充电条件，再逐一模拟每一个放电条件，检查装置的充电指示灯情况。

2) 使工作线路、母联开关合位，且 KKJ 在合后位置，备用线路开关在分位，Ⅰ、Ⅱ 母均有压；待重合闸充电后，模拟Ⅰ、Ⅱ母无压，工作线路无流，观察装置及断路器的动作情况。同样的方法模拟另一条进线，观察装置及断路器的动作情况。

思考： 确定备用电源自动投入装置动作速度时应考虑哪些因素？

原理： 备用电源自动投入装置是当工作电源或工作设备因故障断开后，能自动将备用电源或设备投入工作，使用户不致停电的一种自动装置，简称 AAT。

在实际应用中，AAT 装置形式多样，但根据备用方式分为明备用和暗备用两种，如图 5-21 和图 5-22 所示。

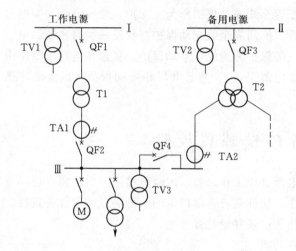

图 5-21 明备用方式

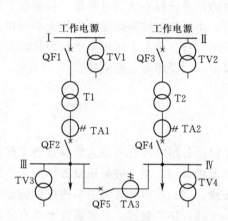

图 5-22 暗备用方式

电力系统采用备自投后具有以下优点：

（1）提高供电可靠性，节省建设投资。

（2）简化继电保护。采用 AAT 装置之后，环形供电网络可以开环运行；变压器可以分列运行。

（3）限制短路电流，提高母线残余电压。在受端变电所，如果采用变压器分列运行或者环网开环运行，出线短路电流将受到一定限制，有些场合不必再设置出线电抗器，并且可以采用轻型断路器，从而节省了投资；供电母线上的残压会相应提高，有利于系统运行。

备自投投入的基本要求如下：

（1）应保证在工作电源断开后 AAT 才动作。

（2）手跳工作电源，备用电源不应动作。

（3）AAT 装置应保证只动作一次。

（4）工作电源的电压不论何种原因消失时，AAT 均应动作。

（5）AAT 的动作时间应使负荷的停电时间尽可能短。

（6）当工作母线和备用母线同时失去电压时，AAT 装置不应启动。

（7）当测量工作电源电压的电压互感器二次侧熔断器熔断时，AAT 不应动作。

（8）应具备闭锁功能。

任务四　低频减载装置校验

认识：低频减载是指当电力系统频率降低时，根据系统频率下降的不同程度自动断开相应的负荷，阻止频率降低并使系统频率迅速恢复至给定数值，从而可保证电力系统的安全运行和重要用户的不间断供电。低频减载装置是一种事故情况下保证电力系统安全运行的重要的自动装置。

步骤：（1）按照装置说明书连接好装置和测试仪并给装置上电。

（2）进入装置，了解装置菜单有哪些功能。

（3）更改装置日期、时间并保存，退出后再进入查看装置能否存数据。

（4）设置好装置频率整定值、低压定值、电流定值。

（5）根据逻辑图（图 5-23）投低频减载装置和软、硬压板。

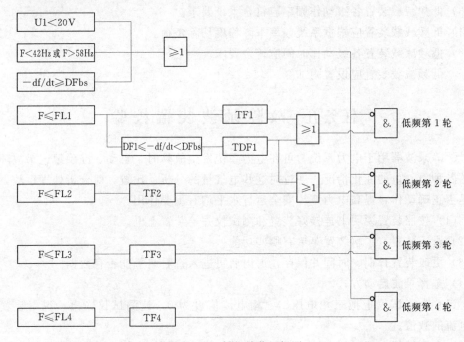

图 5-23　低频减载逻辑图

TDF1—第 1 轮加速段延时；DFbs—差频闭锁；df/dt—频率变化速度；F—系统频率；U1—系统线电压；

FL1—第 1 轮动作频率的设定值；TF1—第 1 轮动作延时；FL2—第 2 轮动作频率的设定值；

TF2—第 2 轮动作延时；FL3—第 3 轮动作频率的设定值；TF3—第 3 轮动作延时；

FL4—第 4 轮动作频率的设定值；TF4—第 4 轮动作延时

观察：（1）在测试仪上把三相电压、三相电流值设为 0，让测试仪输出，观察装置上电压、电流的数值。

（2）在测试仪上把三相电压、三相电流设置为装置的额定值，让测试仪输出，观察装置上电压、电流的数值。

（3）向电流通道通入三相大于低周减载闭锁电流定值的电流。

（4）向电压通道通入三相大于低周减载闭锁电压定值的电压。

（5）在频率正常情况下降低母线频率，让其小于低周减载频率定值的频率。

思考：低频减载装置断开负荷的规律是什么？

原理：电能有两个主要的质量指标——电压和频率，电力系统正常运行时，要求电压和频率符合标准，否则不仅造成电力系统中的设备损坏，还可能导致电网崩溃。为了提高供电质量，保证重要用户供电的可靠性，当系统中出现有功功率频率下降时，根据频率下降的程度，自动断开一部分用户，阻止频率下降，以使频率迅速恢复至正常值，这种装置称为自动低频减负荷装置。它不仅可以保证对重要用户的供电，而且可以避免频率下降引起的系统瓦解事故。

要保证低频减载装置可靠运行，必须满足以下要求：

（1）低频减载装置动作后，系统频率应回升到允许的范围内。

（2）把足够的负荷接到低频减载装置上。

（3）低频减载装置各级动作频率应符合系统要求。

（4）低频减载装置应根据系统频率下降程度切除负荷。

（5）低频减载装置各级动作时间应符合要求。

（6）低频减载装置应设置附加级。

任务五　故障录波装置校验

认识：故障录波器用于电力系统，可在电力系统发生故障时，自动、准确地记录故障前后过程的各种电气量的变化情况，通过对这些电气量的分析、比较，对分析处理事故，判断保护是否正确动作，提高电力系统安全运行水平均有重要作用。

步骤：（1）按照装置说明书连接好装置和测试仪并给装置上电。

（2）进入装置，了解装置菜单有哪些功能。

（3）更改装置日期、时间并保存，退出后再进入查看装置能否存数据。

（4）选择录波启动方式。

观察：（1）在测试仪上把三相电压、三相电流值设为0，让测试仪输出，观察装置上电压、电流的数值。

（2）在测试仪上把三相电压、三相电流设置为装置的额定值，让测试仪输出，观察装置上电压、电流的数值。

（3）修改装置定值观察能否存盘。

（4）修改装置时钟观察能否校时。

（5）模拟单相短路故障观察装置动作情况，调取波形分析。

（6）模拟两相短路故障观察装置动作情况，调取波形分析。

（7）模拟三相短路故障观察装置动作情况，调取波形分析。

思考：故障录波装置为什么需要GPS校时？

原理：故障录波装置是为了分析电力系统故障及继电保护和安全自动装置在事故过程中的动作情况，迅速判断线路故障的位置，能分析保护动作是否正确，判断事故发生的原因，从而提高电力系统运行的安全性与稳定性。

当电力正常运行时，故障录波装置不启动，当电力系统发生故障或振荡时，故障录波装置启动录波，直接记录故障或振荡过程中的电气量。故障录波记录的电气量，是分析系统振荡和故障的可靠依据。故障录波在电力系统中有以下作用：

（1）为正确分析电力系统的故障提供原始资料。

（2）有利于寻找故障点。

（3）可以帮助分析保护、自动装置、断路器的工作情况以便于发现缺陷。

（4）便于了解系统的运行情况及时处理事故。

（5）时实测量参数供分析振荡规律。

项目六 通信系统的检验

任务一 现场级通信检验

一、操作元件和操作步骤

变电站自动化系统的数据通信包括两个方面的内容：一是自动化系统内部各子系统与各种功能模块间的信息交换；二是变电站与远动之间的通信。

观察：（1）当开关、隔离开关变位后，后台监控机会显示什么？

（2）当不接地系统发生单相接地，后台监控机电压值会有什么变化？

（3）当下发遥控命令后，后台监控机及测控装置有什么反应？

原理：由图6-1中这个简单的分层式网络结构图可看出，变电站的通信系统由间隔层采集信息上送至变电站层，然后由变电站的远动装置上送至调度主站。

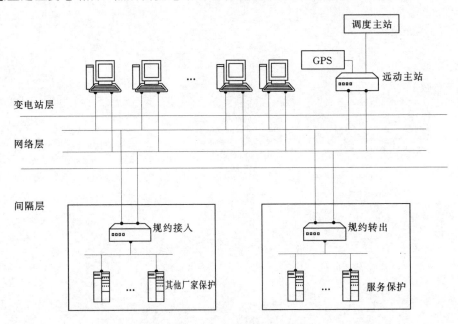

图6-1 分层式网络结构图

思考：（1）间隔层的设备有哪些？需要完成哪些数据量的上送？

（2）这些数据是如何完成上送的？通过哪些设备上送？

步骤：（1）串口数据通信的检验。

（2）以太网的检验。

二、站内通信设备及原理

以南瑞公司的 RCS-9700 监控系统（图 6-2）为例进行分析，变电站计算机监控系统一般采用分层分布式设计，包括站控层和间隔层，站控层和间隔层之间通过通信网络相连。间隔层向站控层提供本间隔测量及状态信息，如电压、电流、功率、开关位置、各种信号等，站控层向间隔层发送控制操作命令，如开关分、合命令，主变分接头档位调节等。

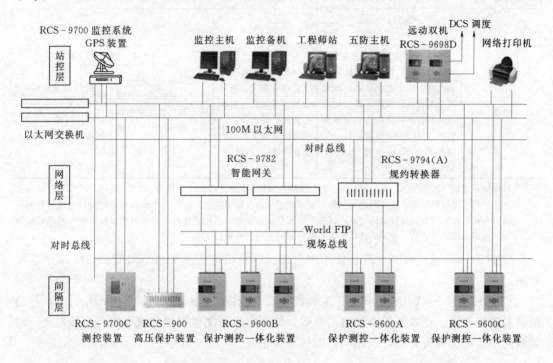

图 6-2　南瑞公司 RCS-9700 监控系统图

变电站间隔层的设备可以直接接入以太网交换机，也可以经过网关再接入以太网交换机。对于不同厂家的设备，装置之间的通信规约不一样，则需通过规约转换装置后，再接入以太网交换机，变电站的监控后台机由以太网交换机提供信息，而工程师站、五防机也与以太网交换机直接通信，完成站控层之间的信息上送。

1. 站内通信线路

站内常见设备的通信方式有：串口通信方式、World FIP 通信方式、以太网通信方式，见表 6-1。

从目前的发展趋势来说，以太网具有的速度优势是其他总线无法比拟的，变电站综合自动化的网络发展趋势是以以太网为主，其他多种网络结构形式为辅的网络结构形式。

2. 检验通信线路

（1）串口数据通信的检验。

表 6 - 1　　　　　　　　　　　　站内常见设备的通信方式

特性	以 太 网	World FIP	EIA - RS - 232	EIA - RS - 485/422
数据编码	曼彻斯特①	曼彻斯特①	不归零	
通信方式	全双工/半双工	半双工	半双工	
拓扑关系	网络型	总线型	总线型	
传输介质	8芯屏蔽双绞线/网线	2芯屏蔽双绞线	4芯屏蔽双绞线	
速率	10Mbit/s 或 100Mbit/s	2.5Mbit/s	1200～9600bit/s	
最大传输距离	双绞线：100m 多模光纤：2km	500m	15m	1200m
特点	传输速度快，可扩展性好；可靠性高，1个节点的故障不会影响其他节点的通信；以太网交换机可以级联，具有良好的灵活性和扩展能力；网络通信采用 TCP/IP 协议，每一个通信单元都要有唯一的 IP 地址	数据可以在恶劣的工业现场高速长距离传输，具有良好的抗电磁干扰能力，适合变电站电磁干扰强的工业环境	接口简单，但一个接口只能接入一台设备；并且传输距离较短，易受干扰，速率低	接口简单，但一个接口能接入多台设备；可采用标准传输规约

① 曼彻斯特编码（Manchester Encoding），也叫做相位编码（Phase Encode，简写 PE），是一个同步时钟编码技术，常用于局域网传输。曼彻斯特编码将时钟和数据包含在数据流中，在传输代码信息的同时，也将时钟同步信号一起传输到对方，每位编码中有一跳变，不存在直流分量，因此具有自同步能力和良好的抗干扰性能。但每一个码元都被调成两个电平，所以数据传输速率只有调制速率的1/2。

1）RS-232 通信方式。直接使用串口调试线，将笔记本和通信装置的 232 端子连接起来。

2）RS-485 通信方式。将笔记本经波士头（RS232/RS485 转换器，见图 6-3）与通信装置连接起来。正确设置串口通信参数，使用串口报文监视软件截取串口通信报文，对截取的串口报文进行分析，判断串口通信是否正常。

图 6-3　波士头

（2）World FIP 总线是面向工业控制的现场总线。通信方式应用不多，在此不作介绍。

（3）以太网的检验。将以太网线测试仪的两个模块分别接在需要检测的网线两侧，打开以太网线检测仪的电源，观察两个模块上的指示灯闪烁情况：

1）对于平行直连的网线，以太网检测仪两个模块上的 8 个绿色指示灯逐个亮起的时刻、次序要完全同步。

2) 如果发现绿色指示灯亮起的时刻、次序错误，说明线序有问题。如果测量过程中出现任何一个灯为黄色或者红色，说明断路或接触不良，如果出现上述情况，需更换网线。

在变电站中继保人员常常会去查找后台与装置之间通信中断，做网线就是其中必备技能之一，虽然网线损坏的概率不大，下面介绍网线的制作方法，见表 6 - 2。

表 6 - 2　　　　　　　　　　　　　　　网 线 的 制 作 方 法

序号	制 作 要 求	使 用 工 具
1	将双绞线的外皮除去 20～25mm，注意双绞线绝缘皮不要破损	双绞线剥线器（或其他工具）
2	将双绞线反向绕开，将裸露出的双绞线用专用钳剪下，只剩约 15mm 的长度，并绞齐线头，根据标准排线方法排线	
3	将双绞线的每一根线依序放入 RJ45 接头的引脚内，确定双绞线的每根线已经放置正确之后，就可以用 RJ45 压线钳压接 RJ45 接头	RJ 专用压线钳
4	使用测试仪测试，打开电源，将网线插头分别插入主测试器和远程测试器，主机指示灯从 1 至 8 逐个顺序闪绿灯，确认无短路和开路现象	电脑网络电缆测试仪（能手电子）

3. 水晶头和以太网接线压头规范

有两种压线方式，注意同一根线两头要用同一种方式。

T568B：橙白，橙，绿白，蓝，蓝白，绿，棕白，棕。

T568A：绿白，绿，橙白，蓝，蓝白，橙，棕白，棕。

重要经验：注意 T568B 和 T568A 的差异在于通信线芯（线芯带颜色）排序不同。

4. 装置的通信参数的设置

通常通信方式不用设置，装置上通信方式不同接口的位置不同，但同一串口的三种通信方式（RS-232、RS-485、RS-422）往往会共用一个接口，所以要进行设置。不同的通信接口默认不同的通信规约，要根据装置情况选择正确的通信规约。

（1）串口通信参数设定：①地址，每台设备有唯一的地址，不得重复，对于不得不设置成相同地址的装置，可以考虑不同方式的通信，或者同一方式的不同接口通信；②比特率，比特率相同的设备才能进行正常通信；③奇偶校验，常见设置见表 6 - 3；④起始位、停止位、数据位。顾名思义，就是告诉接收方信息的状态。

表 6 - 3　　　　　　　　　　　　　　　装置的通信参数的设置

类型	说 明	备 注
偶校验	设置校验位，使 1 的数目为偶数	
奇校验	设置校验位，使 1 的数目为奇数	
无校验	不发送奇偶校验位	
标记	校验位始终为 1	不常用
空	校验位始终为 1	不常用

（2）现场总线通信参数设置：①地址；②通信速率。

（3）网络参数设置：①IP地址设置，就是设置装置的地址，只能是唯一的；②端口号设置，是指TCP/IP和UDP/IP协议中规定的端口，一般通信规约都将端口号规定了，104规约的端口号是2404。在装置通信参数的设置过程中，装置地址需要和监控后台数据库组态中的装置地址保持一致。通信参数设置完成后，需保证该装置与站控层的监控后台、保信子站、远动通信管理机通信正常。

5. 网关设备

网关（gateway）又称网间连接器、协议转换器。网关在传输层上以实现网络互联，是最复杂的网络互联设备，仅用于两个高层协议不同的网络互联。网关既可以用于广域网互联，也可以用于局域网互联。网关是一种充当转换重任的计算机系统或设备。在使用不同的通信协议、数据格式或语言，甚至体系结构完全不同的两种系统之间，网关是一个翻译器。与网桥只是简单地传达信息不同，网关对收到的信息要重新打包，以适应目的系统的需求。同时，网关也可以提供过滤和安全功能。大多数网关运行在OSI 7层协议的顶层——应用层。网关工作原理如图6-4所示。

按照不同的分类标准，网关也有很多种。TCP/IP协议里的网关是最常用的，在这里所讲的"网关"均指TCP/IP协议下的网关。TCP/IP协议下的网关可以分为协议网关、应用网关和安全网关。

网关设备的调试步骤：①明确网络结构；②确定网络IP地址的分配；③确定接线方式。网络连接及检查，检查各个网络设备的运行指示灯，特别是网络连线两端的连接指

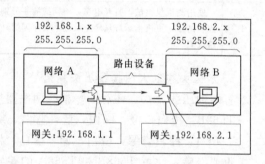

图6-4　网关工作原理图

示灯是否正常，然后用ping命令测试网络中两台计算机的连接。ping命令在故障排查中有说明。

6. 路由器

路由器（Router，又称路径器）是一种计算机网络设备，路由器工作在网络层，从事不同网络之间的数据存储和分组转发。它可以根据不同的帧来传输数据，完成网络层中继或第三层中继任务。由于它在两个局域网的网络层之间按帧传输数据时，需要改变两个局域网帧中的地址，亦即决定在网络之间数据传输时的路由去向，所以叫"路由器"。路由器的基本用途是连接多个逻辑上分开的网络，它具有判断网络地址和选择路径的功能，并可用完全不同的数据分组和介质访问方法来连接各种子网。路由器只接受源站或其他路由器的信息，属于网络层的一种互联设备，它不关心各子网使用的硬件设备，但要求运行与网络层协议相一致的软件。路由器是连接因特网中各局域网、广域网的设备，它会根据信道的情况自动选择和设定路由，以最佳路径，按前后顺序发送信号。目前路由器已经广泛应用于各行各业，各种不同档次的产品已成为实现各种骨干网内部连接、骨干网间互联和骨干网与互联网互联互通业务的主力军。

在配置路由器之前一定要先备份运行（running-config）和启动（start-config）文件，路由器配置最容易出错的就是这两个文件。另外，不要动ios镜像文件，一旦它出现

问题，路由器恢复起来会很费事；要小心使用命令 W(write)，它可能会把有错的配置信息写入路由器的启动程序中，这样的话如果配置错误，就不能采用重启来恢复正确的配置；当路由器的口令错误或者忘记，可采用一些方法来恢复，基本上属于厂家权限，需写程序，不建议检修人员操作。

7. 交换机

交换机（switch，意为"开关"）是一种用于电信号转发的网络设备，如图 6 - 5 所示。它可以为接入交换机的任意两个网络节点提供独享的电信号通路。最常见的交换机是以太网交换机。交换机拥有一条很高带宽的背部总线和内部交换矩阵。交换机的所有端口都挂接在这条背部总线上，控制电路收到数据包以后，处理端口会查找内存中的地址对照表以确定目的 MAC（网卡的硬件地址）的 NIC（网卡）挂接在哪个端口上，通过内部交换矩阵迅速将数据包传送到目的端口，目的 MAC 若不存在，广播到所有的端口，接收端口回应后交换机会"学习"新的 MAC 地址，并把它添加到内部 MAC 地址表中。使用交换机也可以把网络"分段"，通过对照 IP 地址表，交换机只允许必要的网络流量通过交换机。通过交换机的过滤和转发，可以有效地减少冲突域，但它不能划分网络层广播，即广播域。交换机在同一时刻可进行多个端口对之间的数据传输。每一端口都可视为独立的物理网段（注：非 IP 网段），连接在其上的网络设备独自享有全部的带宽，无须同其他设备竞争使用。当节点 A 向节点 D 发送数据时，节点 B 可同时向节点 C 发送数据，而且这两个传输都享有网络的全部带宽，都有着自己的虚拟连接。假使这里使用的是 10Mbit/s 的以太网交换机，那么该交换机这时的总流通量就等于 $2 \times 10Mbit/s = 20Mbit/s$，而使用 10Mbit/s 的共享式 HUB 时，一个 HUB 的总流通量也不会超出 10Mbit/s。

图 6 - 5 交换机实物图

总之，交换机是一种基于 MAC 地址识别，能完成封装转发数据帧功能的网络设备。交换机可以"学习"MAC 地址，并把其存放在内部地址表中，通过在数据帧的始发者和目标接收者之间建立临时的交换路径，使数据帧直接由源地址到达目的地址。

在实际检修中，交换机、路由器这些设备的配置都是由厂家来完成的，在此只需了解一下站内交换机的作用。检修人员在实际中需掌握如何查找故障，将故障范围缩小，从而方便专业人士解决问题。

三、后台通信中断的处理

网络层设备主要由站控层设备的以太网卡、间隔层设备的以太网卡、交换机和以太网线组成，如图 6-6 所示。

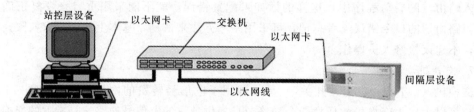

图 6-6 网络构成图

站控层设备实时检测与间隔层设备的连通状况，一旦网络层设备故障，站控层设备都会以间隔层设备通信中断的告警方式给予提示，但故障存在于哪个网络层设备需要通过一定的方法进行查找并排除。

1. 常用命令

（1）ping 命令：ping＋目的主机 IP。这个程序用来检测一帧数据从当前主机传送到目的主机所需要的时间。它通过发送一些小的数据包，并接收应答信息来确定两台计算机之间的网络是否连通。当网络运行中出现故障时，采用这个程序来预测故障和确定故障源是非常有效的。如果执行 ping 不成功，则可以预测故障出现在以下几个方面：网线是否连通，网络适配器配置是否正确，IP 地址是否可用等。

（2）ipconfig 命令。"ipconfig"一般用来检验人工配置的 TCP/IP 设置是否正确。了解计算机当前的 IP 地址、子网掩码和缺省网关，是进行测试和故障分析的必要项目。

2. 部分装置通信中断排查

部分装置通信中断可以排除交换机与站控层设备网络连接故障的可能性。故障部分应该在交换机与间隔层设备的连接部分。中断排查分以下几步进行：

（1）排查交换机端口。查看连接中断设备的交换机端口的指示灯，如果是常亮或不亮都属异常情况。将网线从该端口拔出并倒换到某一正常工作端口或备用端口上，如果通信恢复判断为交换机端口故障。如未排除继续下一步。

（2）排查网线。判断双绞线是否有问题可以通过"双绞线测试仪"或用两块三用表分别由两个人在双绞线的两端测试。主要测试双绞线的 1、2 和 3、6 四条线（其中 1、2 线用于发送，3、6 线用于接收），如果发现有一根不通就要重新制作。如网线正常进行下一步。

（3）排查网卡。将装置从监控网上分离并与一台独立的计算机连接，在计算机上执行 ping 命令，如果可以 ping 通则表明监控网上有 IP 地址冲突现象。如果 ping 不通，则装置通信插件损坏。

3. 全部装置通信中断排查

全站装置通信中断基本可以判定是站控层设备网卡、交换机或两者之间的网线有故障。

（1）排查交换机。查看交换机的指示灯，如果是全部常亮或不亮则表明交换机故障。

该现象如果不存在，则将连接站控层设备的网线从端口拔出并倒换到某一正常工作端口或备用端口上，如果通信恢复判断为交换机端口故障。如未排除继续下一步。

（2）排查网线。用两块三用表分别由两个人在双绞线的两端测试。如网线正常进行下一步。

（3）排查网卡。使用 ping 命令，ping 本地的 IP 地址或计算机名（如 ybgzpt），检查网卡和 IP 网络协议是否安装完好。如果无法 ping 通，只能说明 TCP/IP 协议有问题。这时可以在计算机的"控制面板"的"系统"中，查看网卡是否已经安装或是否出错。如果在系统中的硬件列表中没有发现网络适配器，或网络适配器前方有一个黄色的"！"，说明网卡未安装正确。需将未知设备或带有黄色的"！"网络适配器删除，刷新后，重新安装网卡。并为该网卡正确安装和配置网络协议，然后进行应用测试。如果网卡无法正确安装，说明网卡可能损坏，必须换一块网卡重试。

通过上述测试确认网卡没有问题，可能是由 IP 地址冲突或计算机内的防火墙导致通信不正常。

任务二　与上级调度通信检验

认识：自动化系统由厂站端系统、信息传输系统和调度主站系统组成，各系统之间的联系如图 6-7 所示。

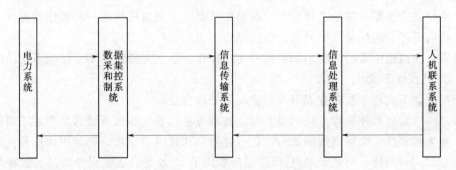

图 6-7　自动化系统联系图

厂站端系统主要设备有远动装置和远传数据处理装置，主要功能有遥测、遥信、遥控、遥调和通信五大方面，而厂站与调度主站之间的通信主要的规约如图 6-8 所示。

在电力系统中应用的规约主要有这几种，而站端与调度主站采用 IEC-101 和 IEC-104 规约，相同点是：①适用范围相同，都适用于厂站与主站之间；②应用层的定义相同。不同点是：①通信方式不同，101 是串行通信，104 是以太网通信；②服务类型不同，101 多采用非平衡传输，104 多采用平衡传输。

步骤：主站通信通道就根据规约类型来命名，称其为 101 通道和 104 通道，一般来说，这两个通道对应的远动信息表是相同的，上送四遥信号。两路通道都是正常运行，一主一备，由站端选择通道。如发现站端监控系统有任一路通道中断，则需切至另一路正常

IEC 主要规约		
IEC 规约	适用范围	通信方式
IEC - 101	厂站与调度主站间通信	串行
IEC - 102	电量主站与站内抄表终端通信	
IEC - 103	与站内继电保护设备间通信	串行
IEC - 104	厂站与调度主站间通信	以太网

图 6 - 8 IEC 主要规约图

通道。

如何来区分通道中断的故障点出在哪一层，在该故障通道退出后，首先在主站进行自发看能否自收信息，其次在站端将通道收发口用光纤短接，观察是否能够自发自收，若能够自发自收说明通道没有问题，这是需查找远动装置的故障。若不能够自发自收，说明通道存在问题。

观察：主站通道类型、主站通道正常时的操作情况、主站通道异常时的操作情况。

思考：在通道正常的情况下如果远动无法操作，怎么办？

故障处理：在通道正常的情况下如果远动无法操作，那么先确认是不是站端系统的问题。

1. 遥控执行不成功

遥控操作不成功主要存在以下几种情况和处理方法。

（1）一次设备遥控操作五防回答超时。处理方法：首先要查看装置是否处于通信中断状态，如果是则按排除网络故障的方法进行排除。如果通信正常，则是因为监控网卡与装置网卡不属同一网段，可能是 A/B 网线插反或网卡 IP 地址设置错误导致。装置报文是组播方式上送的，所以当装置的 IP 地址和监控的 IP 地址不在一个网段时，并不影响监控接收报文，但是遥控时采用点对点的单播通信方式，所以不能遥控。

（2）遥控选择不成功。处理方法：这时遥控选择报失败，表示网络是通的，装置远方就地灯显示就地状态，切换一下远方就地键即可。

（3）遥控合闸不成功。处理方法：

1）如监控报遥控失败，注意观察测控上送的合闸失败事件报文是马上送出的还是延时（25s）送出的。马上上送，说明控制逻辑压板未投。延时上送，说明 PLC 逻辑执行了，但未执行到遥控返回继电器。检查 PLC 逻辑是否正确以及是否编写了遥控返回继电器。

2）如监控报遥控超时，如果测控上送的事件报文正常。一般是外回路原因。如：出口压板未给，或者设备实际已动作，而辅助节点未送上来。检查装置的报告里出口动作的记录。

3）若合闸是经过同期合闸时，注意要投对相应压板。以及注意同期条件是否满足。

4）若 PLC 实现了五防闭锁功能，请注意五防逻辑条件是否满足，如图 6-9 所示。

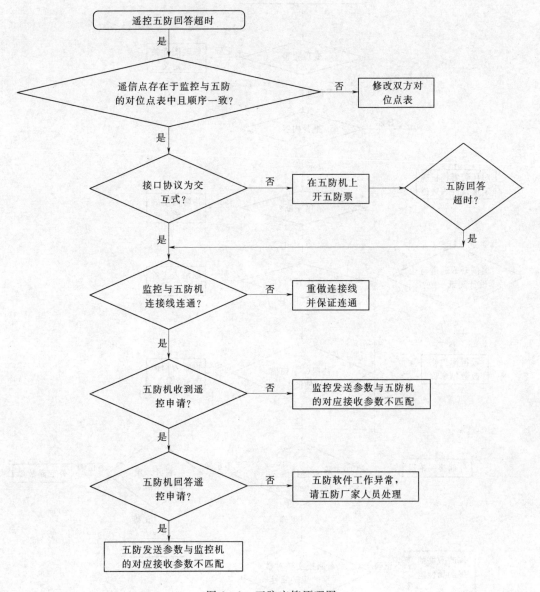

图 6-9 五防应答原理图

2. 遥信变位显示错误

处理方法：遥信变位显错流程如图 6-10 所示。

3. 遥测数据显示错误

处理方法：遥测数据显错流程如图 6-11 所示。

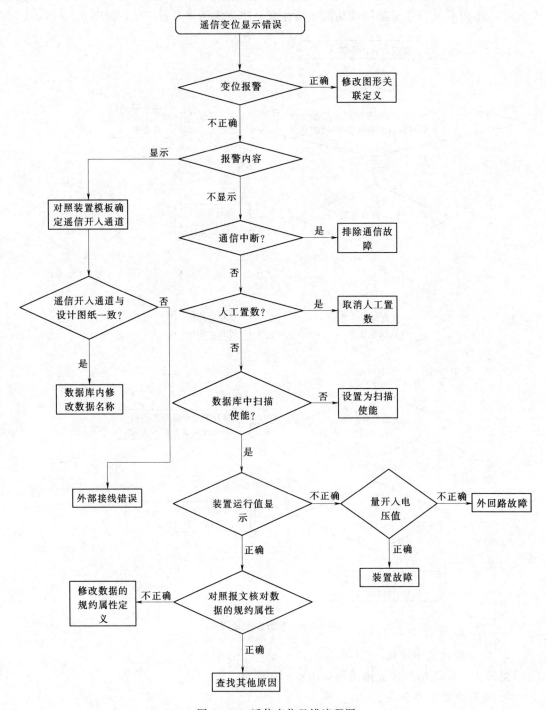

图 6-10 遥信变位显错流程图

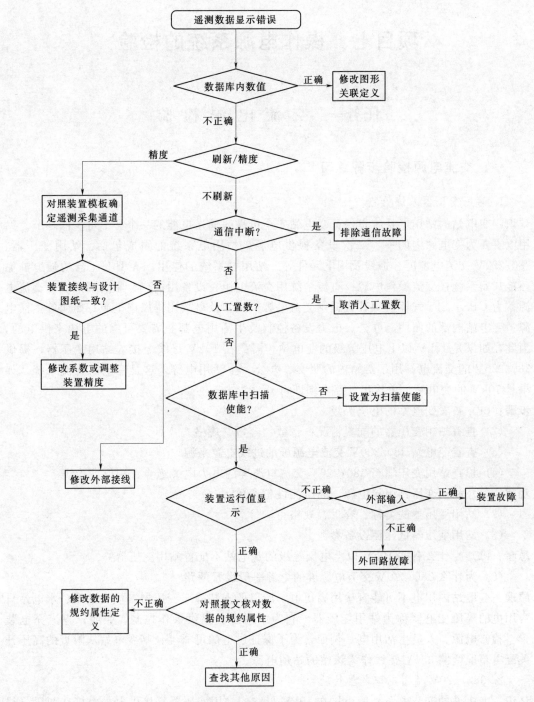

图 6-11 遥测数据显错流程图

项目七 操作电源系统的检验

任务一 交 流 电 源 检 验

一、交流电源检验步骤练习

1. 站用变压器系统检验

认识： 变电站的站用电系统是保证变电站安全可靠地输送电能的一个必不可少的环节。站用电主要为变电站内的一、二次设备提供电源。站用电系统的组成包括：站用变压器、380/220V交流电源屏、馈线及用电元件等。站用电系统的作用：大型变压器的强迫油循环冷却系统；交流操作电源；直流系统用交流电源；设备用加热、驱潮、照明等交流电源；为UPS、SF_6气体监测装置提供交流电源；正常及事故用排风扇电源；照明等生活电源。变电站内部的照明、办公、电力设备控制及生活用电都是需要可靠的电源来供电的，因此，如果是10kV以上电压等级的变电站，需要在10kV母线上接入站用变压器，提供380/220V的交流电，用于给站内的照明、办公、生活用电等，这是变电站交流系统。如果是10kV的变电站，单接出一路电缆即可。

步骤： （1）查看变电站的电压等级。

（2）查看站用变压器的配置情况：台数、容量、规格。

（3）查看变电站380/220V交流电源屏的进线电源来源。

（4）检查站用变压器至380/220V交流电源屏的电力电缆绝缘、相位、接线。

观察： （1）站用变压器引接电源、高压侧设备参数。

（2）站用变压器的名称、容量、规格。

（3）站用变压器低压侧设备参数。

思考： （1）为什么有些10kV以上电压等级的变电站不配置站用变压器？

（2）为什么380/220V交流电源屏的电源一般设置两路？

原理： 变电站内用电不可能直接用高压电，所以要安装降压变压器。供变电站、水电站自身用电的降压变电器称为站用变压器。它为站内设备提供操作控制、照明、直流充电装置、检修电源、人员生活用电。例如，为了保证供电的可靠性，某变电站从附近的高压开关配电箱取两路380V馈线作为该站的站用电源。

2. 380/220V站用电配电屏检验

认识： 变电站的交流电源一般由接在10kV母线的站用变压器直接供电，由接在两段母线上的两台站用变压器提供380/220V的电源，380/220V电源按单母线分段接线方式构成。一般运行中380V母联断路器断开，两段380V母线分列运行。如果一台变压器故障，其低压进线断路器跳开，母联断路器经备用电源自动投入回路自动合闸，保证母线不间断供电。这种运行方式也就是低压供电系统常说的三取二供电方式。

步骤：（1）查看 380/220V 电源的接线方式。

（2）查看 380/220V 电源的运行方式。

（3）查看 380/220V 交流电源屏的型号、母线编号、母线规格。

（4）查看 380/220V 交流电源屏的进线断路器、隔离开关、电流互感器参数。

（5）检查 380/220V 交流电源屏的进线断路器、隔离开关和母线绝缘、相位、接线。

（6）检查 380/220V 交流电源屏的进线断路器、隔离开关操作稳定性。

（7）检查 380/220V 交流电源屏的电流互感器绝缘、接线、极性、变比。

（8）检查 380/220V 交流电源屏的导线绝缘、接线、标识。

（9）检查 380/220V 交流电源屏的交流电压表、交流电流表、信号灯指示正常。

（10）检查 380/220V 交流电源屏的馈线断路器、万能转换开关、熔断器、中间继电器、和按钮运行正常。

（11）检查自投装置 SDY 运行正常。

观察：（1）380/220V 分列运行时，交流电压表和交流电流表的读数。

（2）将 SA 万能切换开关切至不同位置时，交流电压表的读数变化。

（3）进线断路器闭合时，馈线断路器两端的电压值。

（4）进线断路器断开时，馈线断路器两端的电压值。

思考：（1）馈线断路器是单相的还是三相的，为什么？

（2）交流电源屏内什么地方安装熔断器，它们的作用是什么？

原理：图 7-1 是变电站站用 380V 电源系统单线图。图中，1QF、2QF 是两台站用变压器的进线断路器，3QF 是母线联络断路器。380V Ⅰ 和 Ⅱ 段母线上各接了 10 台馈线断路器，供变电站各设备负荷用电。对于变电站的 110kV 户外配电装置或 GIS 组合电器、10kV 或 35kV 开关柜等重要设备，一般从 380V 两段母线的馈线断路器供电。这些设备

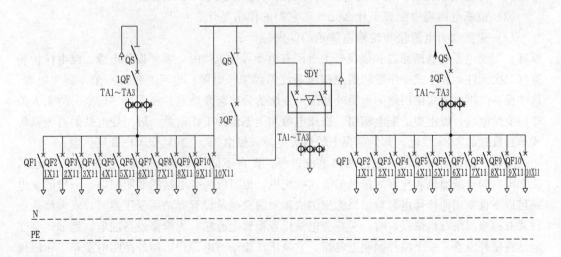

图 7-1 变电站站用 380V 电源系统单线图

连接成网，中间设分段断路器，可以灵活地改变供电方式，保证可靠不间断地供电。对于变压器中性点接地开关，变压器本体通风机、调压开关，在线滤油机等设备，多采用一对一的直接供电方式。

图 7-1 中，进线断路器 1QF、2QF 及联络断路器 3QF 采用框架万能式断路器，各馈线断路器 QF1~QF10 采用带报警辅助触点的微型断路器。

3. 交流动力电源箱、户内外检修电源箱检验

认识：交流动力电源箱是给周边的断路器、隔离开关、主变风扇、室内通风机、照明等电气设备供电所用，一般设备正常运行时，设备本体端子箱内的二次元件需要供电，这需要用到动力电源。通常交流动力电源箱的设置按 500kV 配电装置每个间隔一个动力电源箱，220kV 和 110kV 配电装置设置两个（分段间隔一边一个），35kV 配电装置每台主变设置一个。

检修电源箱主要由若干个开关插座构成，是给运行检修用的，比如电焊机等检修设备，平常是不给周边设备供电的。一般检修电源箱的辐射半径是 50m，这个和所在配电装置的电压等级没有关系，主要是考虑运行检修方便。

步骤：（1）查看变电站内交流动力电源箱的数量、型号、安装地点。

（2）检查 380/220V 交流电源屏至各交流动力电源箱的电缆绝缘、相位、接线。

（3）检查交流动力电源箱内各元件的工作特性。

（4）查看变电站内户内外检修电源箱的数量、型号、安装地点。

（5）检查 380/220V 交流电源屏至各检修电源箱的电缆绝缘、相位、接线。

（6）检查检修电源箱内各元件的工作特性。

观察：（1）380/220V 交流电源屏的馈线开关闭合时，交流动力电源箱的带电情况。

（2）380/220V 交流电源屏的馈线开关断开时，交流动力电源箱的带电情况。

（3）380/220V 交流电源屏的馈线开关闭合时，检修电源箱的带电情况。

（4）380/220V 交流电源屏的馈线开关断开时，检修电源箱的带电情况。

思考：（1）变电站内的交流动力电源箱分别给哪些设备提供动力电源？

（2）检修电源箱内配置了什么元件，它们的作用是什么？

（3）交流动力电源箱和检修电源箱的区别是什么？

原理：配变电系统的断路器和隔离开关等配有电动操作机构时，需要操作电源。继电保护装置（二次元件）和干式变压器的温控排风系统需要工作电源。电流互感器一般不需要电源。这些设备的供电方式依回路的重要性和配电系统的管理需要确定。在需要"远操"的无人值守的变配电所，或重要的配电回路，操作电源和继电保护工作电源一般由变电站的直流系统或单独设置的 UPS 供电。其他情况下的该类电源一般由 380/220V 交流电源屏供电。

变电站的动力电源箱一般设两路电源进线，接自不同的 380V 母线，于箱内自动投切，为变电站的机械通风兼作事故排风的通风机配电，也可以为变电站的照明配电。一般的变电站可以不设专用的检修电源箱。当大型的或重要的变电站设置有站用变压器时，或大型企业设置有检修网络（检修段）时，可在变电站设置检修电源箱，为检修设备配电。例如，某变电站在屋外设置了一个屋外照明电源箱，它属于交流动力电源箱。屋外照明电源箱工作原理如图 7-2 所示，屋外照明电源箱从 380/220V 交流电源屏取电能，经过 4 个空气开关分别给

屋外的 A 灯、B 灯、C 灯和 D 灯供电，另外还有 5 个备用空气开关没有接负荷。

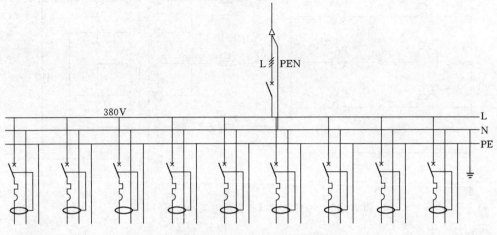

图 7-2　屋外照明电源箱原理接线图

　　某变电站在 110kV 配电装置设置了一个检修电源箱，它属于户外检修电源箱。110kV 配电装置检修电源箱工作原理如图 7-3 所示，检修电源箱从 380/220V 交流电源屏取电能，再经过不同的空气开关送至各用电负荷。

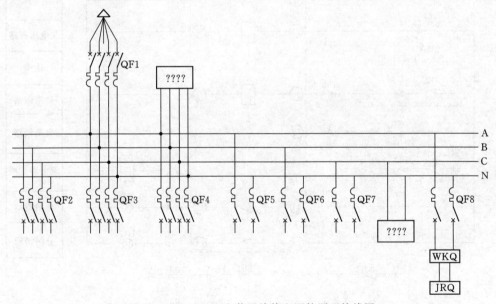

图 7-3　110kV 配电装置检修电源箱原理接线图

二、交流电源工作原理

　　图 7-4 是站用 380V 电源 1 号进线柜的交流电流及电压回路。站用电源屏上安装有交流电流表 PA1～PA3 和交流电压表 PV 进行就地监测，电流表分别显示三相电路的电流，电压表根据万能切换开关 SA 位置决定显示相电压或者线电压。

　　图 7-5 是 1 号低压进线柜断路器 1QF 控制回路。框架断路器的控制回路一般采用交

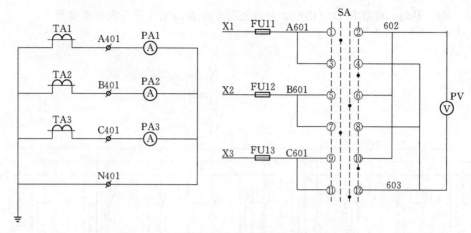

图 7-4 1号低压进线柜交流电流及电压回路图

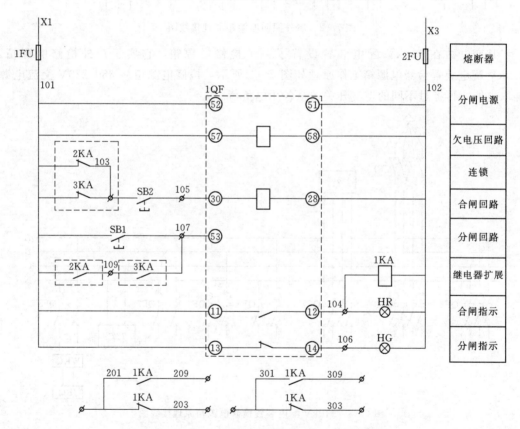

图 7-5 1号低压进线柜断路器1QF控制回路图

流电源，有采用220V或380V的，这里采用的是380V，控制电源采用靠近变压器侧的A相（X1）和C相（X3），只有1号变压器带电，低压侧有电压，断路器1QF才具备控制电源。断路器1QF是电磁式、手动操作的万能式断路器，其操动机构有欠电压脱扣器和合闸电磁铁。

当变压器低压侧带电，并且2QF或3QF至少有一个断路器断开时，2QF和3QF的常开触点至少有一个断开，那么与其串联的中间继电器 2KA 或 3KA 至少有一个失电，2KA 或 3KA 至少有一个常闭触点闭合，此时按下 SB2 合闸按钮可以合上 1QF。

当变压器低压侧电压降低或失压，欠电压脱扣器两端的电压降低到定值或失压，1QF 即跳闸断开；当按下 SB1 分闸按钮时，可以断开 1QF；当 2QF 和 3QF 都在合位时，2QF 和 3QF 的常开触点闭合，那么分别与其串联的中间继电器 2KA 和 3KA 均带电励磁，2KA 和 3KA 常开触点均闭合，1QF 即跳闸断开。这就是低压供电系统常用到的三取二供电方式。

断路器 1QF 的常开触点串联着红灯 HR 作为合闸指示回路。在断路器 1QF 合闸指示回路接有中间继电器 1KA，用于启动自投回路。断路器 1QF 的常闭触点串联着绿灯 HG 作为分闸指示回路。

图 7-6 是 1 号低压进线柜馈线断路器就地合闸指示回路。就地位置信号在各馈线断路器的负荷端，其中一相经熔断器与 N 相之间接的信号灯来指示断路器的合闸状态。

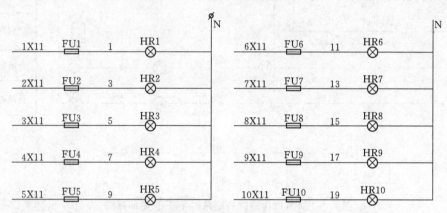

图 7-6 1 号低压进线柜馈线断路器就地合闸指示回路图

图 7-7 是 2 号低压进线柜断路器 2QF 控制回路。2 号低压进线柜的交流电流及电压回路和馈线断路器就地合闸指示回路与 1 号低压进线柜的完全相同，这里不再画出。2 号低压进线柜断路器 2QF 控制回路与 1QF 也基本相同，不同的只是合闸线圈是经过 1KA 和 3KA 常闭触点并联接在控制电源回路中，而跳闸回路是经过 1KA 和 3KA 常开触点串联接在控制电源回路中。

当变压器低压侧带电，并且 1QF 或 3QF 至少有一台断路器断开时，1QF 和 3QF 的常开触点至少有一个断开，那么与其串联的中间继电器 1KA 或 3KA 至少有一个失电，1KA 或 3KA 至少有一个常闭触点闭合，此时按下 SB2 合闸按钮可以合上 2QF。只有当 1QF 和 3QF 一个在分位或者两个均在分位时，才能保证断路器 2QF 保持在合位。

当 1QF 和 3QF 都在合位时，1QF 和 3QF 的常开触点闭合，那么分别与其串联的中间继电器 1KA 和 3KA 均带电励磁，1KA 和 3KA 常开触点均闭合，2QF 即跳闸断开。

图 7-8 是母联和备自投柜联络断路器 3QF 控制回路。联络断路器 3QF 的控制电源取自断路器两侧母线的电压，一侧取自 I 段母线的 A 相（X1）和 C 相（X3），另一侧取自 II 段母线的 A 相（X11）和 C 相（X13）。当 X1 和 X3 有电压且 X11 和 X13 无电压时，KA2 不启动，其常开触点打开，常闭触点闭合；KA1 启动，其常开触点闭合，常闭触点打开，由 X1 和 X3 提供控制电源。当 X11 和 X13 有电压且 X1 和 X3 无电压时，KA1 不

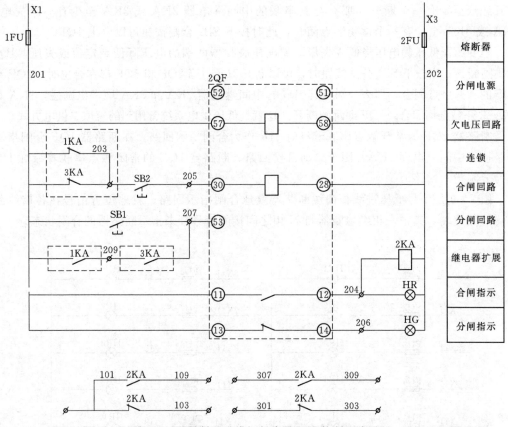

图 7-7　2 号低压进线柜断路器 2QF 控制回路图

启动，其常开触点打开，常闭触点闭合；KA2 启动，其常开触点闭合，常闭触点打开，由 X11 和 X13 提供控制电源。

母联和备自投柜联络断路器 3QF 控制回路与 1QF 也基本相同，不同的只是合闸线圈是经过 1KA 和 2KA 常闭触点并联接在控制电源回路中，而跳闸回路是经过 1KA 和 2KA 常开触点串联接在控制电源回路中。

当两段母线有一段母线带电另一段母线不带电，即 1QF 或 2QF 有一个断路器断开时，1QF 和 2QF 的常开触点有一个断开，那么与其串联的中间继电器 1KA 或 2KA 有一个失电，1KA 或 2KA 有一个常闭触点闭合，此时按下 SB2 合闸按钮可以合上 3QF。只有当 1QF 和 2QF 一个在分位一个在合位时，才能保证断路器 3QF 保持在合位。

当 1QF 和 2QF 都在合位时，1QF 和 2QF 的常开触点闭合，那么分别与其串联的中间继电器 1KA 和 2KA 均带电励磁，1KA 和 2KA 常开触点均闭合，3QF 即跳闸断开。

如果站用交流电源系统安装有自投装置，那么联络断路器 3QF 的自投回路动作过程为：自投装置 SDY 投入运行，当一台变压器失压，其相应的断路器因无压而断开，此时中间继电器 1KA（或 2KA）失磁，常闭触点闭合，启动自投装置，接通 3QF 合闸回路，使联络断路器 3QF 合闸，保证了三取二回路的完整。

变电站的站用交流电源系统，一般在投入运行后操作较少，而且有自投回路的存在，

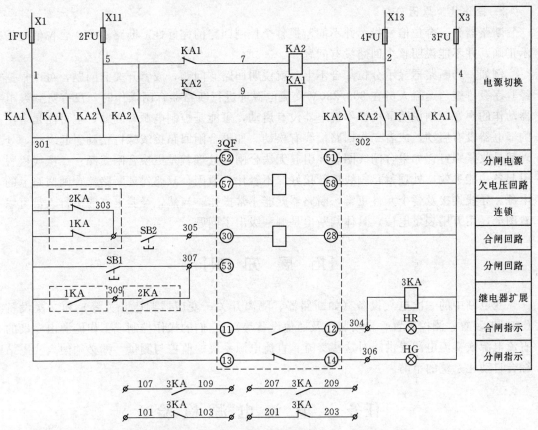

图 7-8 母联和备自投柜联络断路器 3QF 控制回路图

可以保证对外供电的可靠性和安全性。有些变电站设计中，对其监控回路只是重点测量两路进线的电流和两段母线的电压，接入两个进线断路器和联络断路器的分、合位，不再对它们进行遥控操作，不再监测馈线开关的位置，将这些重点需要监测的模拟量与开关量接入公用测控装置中，不再设置专用的测控装置。

三、故障处理

1. 站用交流电源失压原因分析

首先要明白站用交流电源从哪里取，站用变压器是否已运行，站用变压器低压侧是否有正常电压，进线断路器控制电源是否正常，进线断路器和馈线断路器是否正常等。只有站用交流电源系统回路及回路上的各个元件正常，并且带电运行，交流电源才正常。

引起站用交流电源失压的原因有：

（1）两台站用变压器均未投入运行，站用变压器低压侧无压，所以进线断路器和联络断路器无控制电源，不能合闸，没有电能分配。

（2）进线断路器控制回路断线，不能合上进线断路器。

（3）控制保险熔断，控制回路断线。

（4）合闸线圈损坏，回路不通。

2. 操作故障原因分析

断路器分、合位信号指示并不能监视整个控制回路的完好性。断路器分、合位信号指示正确，并不能说明整个回路没有问题。

例如，当断路器显示分位却合不上，就说明回路有问题，或者开关有问题，可以根据经验逐级排查，运行人员在 380/220V 交流电源屏进行断路器合闸操作时，没有听到继电器动作的声音，则说明屏内操作继电器没有启动，可能是控制电源有问题，也可能是合闸的继电器没有启动，或者二次回路接线有松动。如果合闸回路接线螺钉松动引起发热，处理就是收紧螺钉；如果合闸线圈烧坏引起无法合闸，处理就是更换合闸线圈；二次线松脱引起各功能失效，处理就是查线重新接好。不管什么原因，只要保证断路器合闸回路上的电源、导线连接及各个元件正常，断路器就能正常操作。当然，经验丰富的运行人员可以看图纸，用万用表量电位，具体判断出是哪一级出了问题。

【拓 展 知 识】

变电站中的一次电气设备（如断路器、隔离开关、变压器调压开关等）和二次设备（如保护装置、测控装置、自动装置及通信设备等），它们的操作控制或工作能源由专设的直流电源或交流电源提供。对这些交流、直流电源系统的监控与测量，都必须纳入变电站综合自动化系统的范畴。

任务二 直 流 电 源 检 验

一、直流电源检验步骤练习

1. 蓄电池检验

认识：在变电站中，直流系统为控制、信号、继电保护及事故照明等提供直流电源，也为操作提供直流电源。直流系统的可靠与否对变电站的安全运行起着至关重要的作用。直流系统按其作用可分为直流电源装置、直流母线和馈电线路。变电站的直流电源系统由蓄电池、充电装置及监控设备组成。蓄电池是一个独立可靠的直流电源，当交流电源消失仍能在一定时间内保证可靠供电。因此，在变电站中主要的一次设备（如断路器、隔离开关等）的操作控制能源大多选用直流电源；几乎所有的二次设备（如保护装置、测控装置、自动装置等）的工作能源均采用直流电源供电。因而变电站中直流电源系统必须保证可靠安全。

直流电源系统的主要设备是蓄电池，目前国内电力工程中常用的蓄电池有防酸式铅酸蓄电池、阀控式密封铅酸蓄电池和镉镍蓄电池等。在变电站直流电源中常用的是阀控式密封铅酸蓄电池，其优点是：蓄电池在正常使用时保持气密和液密状态，当内部气压超过预定值时，安全阀自动开启，释放气体，当内部气压降低后安全阀自动关闭，同时防止外部空气进入蓄电池内部，使其密封。蓄电池在使用寿命期限内，正常使用情况下无需补加电解液。

步骤：（1）查看变电站的直流系统是否设置有独立的蓄电池室。

（2）查看蓄电池的安装位置。

（3）查看蓄电池的连接方式。

观察：（1）蓄电池的种类和型号。

（2）蓄电池的容量和电压。

（3）蓄电池的组数和总容量。

思考：（1）蓄电池种类很多，例如防酸式铅酸蓄电池、阀控式密封铅酸蓄电池和镉镍蓄电池，它们之间有什么区别？

（2）根据直流电压的等级，如何配置蓄电池的组数？

2. 充电装置检验

认识：为了使蓄电池能作为直流电源正常向外供电，还必须有充电装置。国内电力工程中常用的有高频开关充电装置和晶闸管充电装置。高频开关充电装置以模块形式组成，模块电流 5～40A，可以根据设计容量进行组合，具有体积小、质量轻、效率高、自动化水平高及可靠性高等优点，目前被普遍采用。充电装置对蓄电池的充电有初充电、浮充电和均衡充电三种方式。

（1）初充电。蓄电池组装完成后的最初充电，一般由生产厂家来完成。

（2）浮充电。直流电源系统在正常运行时，充电装置承担经常负荷，同时向蓄电池组补充充电，以补充蓄电池的自放电，使蓄电池以满容量的状态处于备用。

（3）均衡充电。为补偿蓄电池在使用过程中产生的电压不均匀现象，使其恢复到规定范围内而进行的充电，以及大容量放电后的补充充电，这些统称为均衡充电。

高频开关充电装置的可靠性相对较高，整流模块可以更换，且有冗余。对于高频开关充电装置的配置，原则上可以不设整套装置的备用，即一组蓄电池配一套充电装置，两组蓄电池配两套充电装置。在实际运用中，为了进一步提高可靠性，一组蓄电池也可以配两套充电装置。

步骤：（1）查看充电装置在柜内的布置。

（2）查看充电装置的组成。

（3）查看充电装置的工作流程。

观察：（1）充电装置型式、组数及容量。

（2）充电机输入回路。

（3）充电机输出回路。

（4）交流输入切换回路。

思考：（1）充电装置在直流系统中的作用是什么？

（2）直流系统中配置一组充电装置和两组充电装置有何区别？

3. 监控设备检验

认识：为了使直流电源系统正常运行，还必须装设监控装置。直流系统中一般按每组蓄电池或每组充电装置设置一套微机监控装置。直流系统微机监控装置具备的基本功能如下：

（1）测量功能。测量直流系统母线电压、充电装置输出电压和电流及蓄电池组的电压和电流。

（2）信号功能。发出直流系统母线电压过高和过低、直流系统接地、充电装置运行方式切换和故障等信号。

（3）控制功能。控制充电装置的开机、停机和运行方式切换。

（4）接口。通过通信接口，将信息传至变电站综合自动化系统。

直流电源系统各装置的报警信号及其他信息等，均应先传至直流系统的监控装置，然后通过通信接口传至上位机。

步骤：（1）查看直流系统的监控设备。

（2）查看进线和馈线侧的开关型号、数量以及电流参数等。

（3）查看各监控设备的监控范围。

观察：（1）监控设备的测量、信号、通信方式。

（2）综合监控及系统测控回路。

思考：（1）蓄电池监控设备有哪些？

（2）充电装置可以进行哪些监控？

（3）直流电压需要监控哪些参数？

二、直流电源工作原理

图 7-9 是一组蓄电池组成的直流系统原理图。对于一组蓄电池的直流系统，多采用

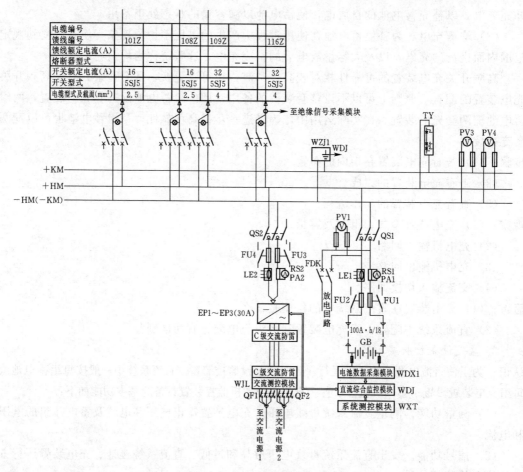

图 7-9　直流系统原理图

单母线分段接线或单母线接线，这里采用的是单母线的接线方式。它由一组 100A·h 蓄电池和一组充电装置组成，充电装置由三台高频整流模块构成。充电装置和蓄电池送出直接接到＋HM 和－HM。正的合闸母线＋HM 经过调压装置 TY 送至正的控制母线＋KM；负的合闸母线－HM 和负的控制母线－KM 两者公用。

图 7-9 中主要元件名称及作用如下：PV1—蓄电池组电压表；PA1—蓄电池组充放电电流表；PA2—充电模块输出电流表；PV3—控制母线电压表；PV4—合闸母线电压表；RS1、RS2—分流器；LE1、LE2—霍尔元件；FU1、FU2、FU3、FU4—熔断器；WZJ1—绝缘监测信号采集模块；WDJ—直流系统综合监控模块；TY—调压模块；EP1～EP3—第 1～3 台高频整流模块。

图 7-10 是充电机输入回路接线图。为了保证给蓄电池充电装置供电的交流电源可靠，充电装置由两路交流电源供电，即每台站用变压器的低压母线上各出一路，正常运行一路备用供电一路。两路电源之间设置备自投。当运行馈路故障，备用馈路自动投入。图 7-10 中，A、B、C 由两台站用变压器同时供电。如果两站用变压器均失压，则发出"交流电源失电"告警信号。交流输入切换回路如图 7-11 所示。

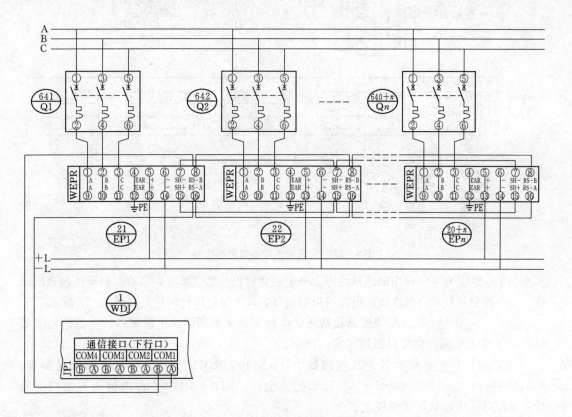

图 7-10　充电机输入回路接线图

注：1. 交流电源 A、B、C 取于交流输入回路电气接线图中的交流电源 A、B、C。

2. 上述标号中当前"n"值为充电机模块数量，具体值见所属工程原理图。

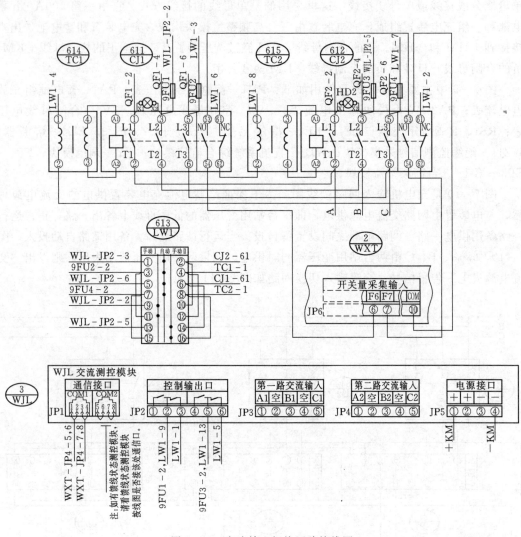

图 7-11　交流输入切换回路接线图

图 7-12 是充电机输出回路接线图。充电装置输出一路直流电，供给控制母线和合闸母线。其中控制母线和合闸母线的电压可以通过 TY 调压模块进行调压，如图 7-13 所示。

图 7-14 是电池数据采集回路接线图。电池数据采集回路由电源接口、电池信号采集输入、温度采集和通信接口回路组成。

图 7-14 中主要元件名称及作用如下：RD110、RD111—蓄电池组电源端保险管；BAT1～BAT18—18 节 100V·A、12V 的蓄电池；RD1～RD19—蓄电池单节出口保险管；WDX1—电池数据采集模块。

图 7-15 是蓄电池组输入回路接线图。蓄电池组输入回路由电流表 PA1、分流器 RS1、电压表 PV1、隔离开关 QS1、空气开关 FDK、熔断器 FU1、FU2 和端子熔断器 2FU1、2FU2 等元件连接形成。当交流电源停电时，蓄电池可以应用原有储存的电能持续供电约 10h。

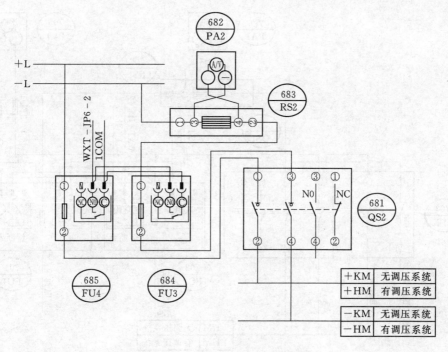

图 7 - 12　充电机输出回路接线图

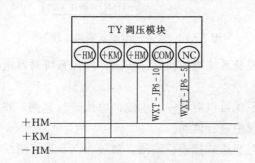

图 7 - 13　调压模块回路接线图

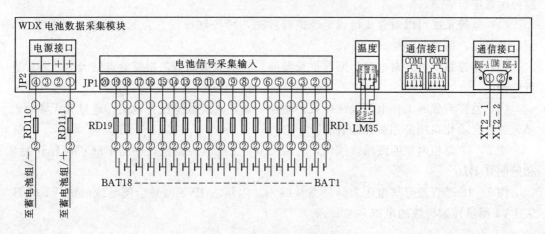

图 7 - 14　电池数据采集回路接线图

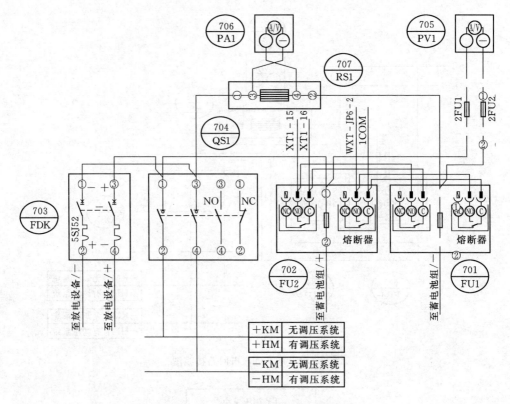

图 7-15　蓄电池组输入回路接线图

图 7-16 是综合监控及系统测控回路接线图。监控系统对蓄电池及充电装置的各重要环节进行实时监控。

（1）蓄电池的监控系统可以对每一节电池的电压进行监测，将各电池的电压接入监控系统的电池信息采集装置中进行监测。

（2）监控系统可以对交流故障进行监测，通过 WXT 系统测控模块进行监测。

（3）监控系统可以对蓄电池充电电流进行监测，通过传感器将蓄电池充电电流量送到监控装置进行监测。

（4）监控系统可以对直流母线绝缘进行监测，将控制母线、合闸母线接入监控装置，测量其电压，监视其绝缘。

（5）监控系统可以对电池熔断器进行监测，将电池熔断器的报警触点接入监控装置进行监测。

（6）监控装置的工作电源及故障报警输出，监控系统故障报警输出，通过其无源触点接入综合自动化系统公用测控装置。

图 7-17 是柜内照明回路接线图，它由 220V 交流电源供电，回路串联了行程开关 S 和照明灯 HL。

图 7-18 是直流母线电压表计回路接线图，电压表 PV3 测量合闸母线的电压，电压表 PV4 测量控制母线的电压。

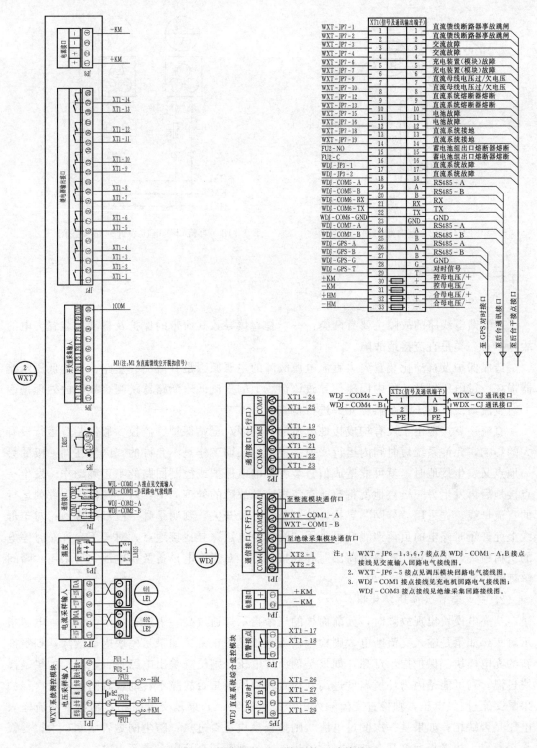

图 7-16 综合监控及系统测控回路接线图

149

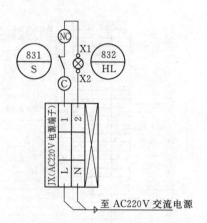

图 7-17　柜内照明回路接线图

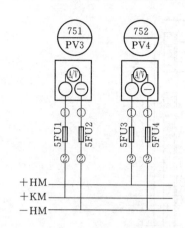

图 7-18　直流母线电压表计回路接线图

三、故障处理

1. 直流馈线断路器事故跳闸

直流馈电线路的故障主要有两类：一类是直接导致其所带的保护及自动化装置失电的故障；另一类是直流接地故障。

造成保护及自动化装置失去直流电源故障的主要原因是直流馈线短路、直流低压断路器损坏、过电压以及工作中误碰等导致该馈线上的直流低压断路器跳闸。故障的处理是逐一对直流馈线、低压断路器等元件进行检查。

直流一点接地由于没有构成接地电流的通路而对全站保护、监控、通信装置运行没有大的影响，允许系统短时间内运行，但一极接地长期工作是不允许的，因为在同一极的另一地点又发生接地时，就可能造成信号装置、继电保护或控制回路的不正确动作。发生一点接地后再发生另一极接地就将造成直流短路。故障的处理如下：对于两段以上并列运行的直流母线，先采用"分网"寻找，拉开母线分段开关，判明是哪一段母线接地；对于母线上允许短时停电的负荷馈线，可采用"瞬间停电法"寻找接地点；对于不允许短时停电的负荷馈线，则采用"转移负荷法"寻找接地点；对于充电设备及蓄电池，可采用"瞬间解列法"寻找接地点。

2. 充电装置（模块）故障

当充电模块出现故障时，其前面板的三个指示灯通过亮、灭进行显示。例如，电源指示灯灭，如果是输入交流断电，则检查输入电压是否正常；如果是模块内部故障，则更换新的充电模块。保护指示灯亮，如果是输出欠电压，则检查输出电路是否正常；如果是模块过温，则可能是因为环境温度过高，检查模块风扇是否故障不转动或者防尘网堵塞；如果是交流过/欠电压，则检查交流输入电压是否正常；如果是交流缺相，则检查交流输入电压是否缺相；如果是一次侧过电流，则检查模块是否过热，防尘网是否堵塞，手拉盖板是否复位。故障指示灯亮，如果是输出过电压，则断开交流电，重新上电。

3. 蓄电池故障

蓄电池采用"免维护"的阀控式铅酸蓄电池，它在正常运行时，不需对电解液进行检测和调酸加水。但是蓄电池出现故障时，也要采取相应措施进行处理。

（1）确保蓄电池端子的清洁。蓄电池端子的脏污，连接导线、螺栓的松动或腐蚀会使其接触不良，造成不能充电及输出断电。需要注意：在清洁蓄电池或拧紧螺栓前，应佩戴绝缘手套；不宜用干布进行清洁，可使用棉布和肥皂水清洁电池，否则易产生静电而导致爆炸。

（2）检查蓄电池外壳是否完好，有无变形和渗漏现象，检查安生阀周围是否有酸雾逸出。对于出现问题的蓄电池，应及时更换。

（3）用万用表检测蓄电池组中每节电池两端的电压，如发现单节蓄电池的端电压比其他蓄电池的端电压低很多，应及时更换该节电池，以免影响整个蓄电池组的正常运行。

（4）检查蓄电池的表体温度。电池组中各节电池的表面温差不应大于 5℃，如发现某节电池有严重发热现象，应及时更换。

4. 直流系统接地

由于直流系统在变电站分布范围广、外露部分多、电缆多且较长。所以很容易受尘土、潮气的腐蚀，使某些绝缘薄弱元件绝缘性能降低，甚至绝缘破坏造成直流接地。

分析直流接地的原因有以下几个方面：

（1）二次回路绝缘材料不合格、绝缘性能低，或年久失修、严重老化，或存在某些损伤缺陷、如磨伤、砸伤、压伤、扭伤或过电流引起的烧伤等。

（2）二次回路及设备严重污秽和受潮、接地盒进水，使直流对地绝缘严重下降。

（3）小动物爬入或小金属物件掉落搭接在元件上造成直流电源系统接地故障，另外老鼠、蜈蚣等小动物爬入带电回路也会导致接地故障。

（4）在安装施工过程中，某些元件的线头、未使用的螺钉、垫圈等零件，掉落在带电回路上从而引起故障。

查找直流接地故障的一般顺序和方法如下：

（1）分清接地故障的极性，分析故障发生的原因。

（2）若站内二次回路有工作，或有设备检修试验，应立即停止。拉开其工作电源，查看信号是否消除。

（3）用分网法缩小查找范围，将直流系统分成几个不相联系的部分。注意：不能使保护失去电源，操作电源尽量用蓄电池供电。

（4）对于不太重要的直流负荷及不能转移的分路，利用"瞬时停电法"，查该分路中所带回路有无接地故障；利用"瞬时停电法"选择直流接地时，应按照下列顺序进行：①断开现场临时工作电源；②断合事故照明回路；③断合通信电源；④断合附属设备电源；⑤断合充电回路；⑥断合合闸回路；⑦断合信号回路；⑧断合操作回路；⑨断合蓄电池回路。

（5）对于重要的直流负荷，用"转移负荷法"查该分路中所带回路有无接地故障。查找直流系统接地故障时，应随时与调度联系，并由两人及两人以上配合进行，其中一人操作，一人监护并监视表计指示及信号的变化。

在进行上述各项检查选择后仍未查出故障点，则应考虑同极性两点接地。当发现接地在某一回路后，有环路的应先解环，再进一步采用取保险及拆端子的办法，直至找到故障点并消除。

【拓 展 知 识】

变电站综合自动化系统中，有的自动装置工作电源采用交流供电，并且要求连续可靠供电，则必须采用逆变电源装置来供电。一般逆变电源装置的工作电源接入站用交流电源和蓄电池的直流电源，正常运行中逆变电源装置由站用交流电源经过稳压后输出，一旦站用交流电源消失，由输入的直流经过逆变装置，变成 50Hz 的正弦波交流电源输出，保证了对重要负荷的可靠供电。在变电站综合自动化系统中，需要逆变电源装置供电的设备主要有各工作站及后台机的工作电源、各显示器的工作电源等。逆变电源装置有独立组屏安装的，有安装在直流屏上的，也有和其他装置共同组屏的。逆变电压装置接线比较简单，除交、直流电源输入外，输出经几只微型断路器送到端子排上，供所需要的设备接线，这里不再画图说明。

蓄电池在长期浮充电状态下，只充电不放电，会造成蓄电池的阳极极板钝化，导致蓄电池内阻增大、容量大幅下降，蓄电池使用寿命缩短。因此，蓄电池要进行活化，一般每年一次。蓄电池的活化过程为：均充—放电—均充。均充由直流电源的监控模块控制完成。蓄电池的放电是用蓄电池额定容量 1/20 的电流放电至每单个电池电压为 1.75V 止。开始放电后，每 2h 应测量一次电压，在电压降至 1.8V 后，因其电压降低较快，应每 15～20min 测量一次电压，到电压降至 1.75V 时，应立即停止放电，否则，电压会迅速降到 0V，以致损坏极板并造成下次充电困难。

项目八 后台操作系统的操作

任务一 界 面 管 理

一、界面管理步骤练习

1. 启动界面管理器

认识：界面管理器是管理人机界面各种工具的管理程序，通过界面管理器，用户可以进入作图工具、在线操作工具、数据库输入输出界面等。

界面管理器窗口位于屏幕的底部，它包括一个下拉式菜单、若干系统重要信息显示区和一个推画面允许与否的选择按钮。如图 8-1 所示。

图 8-1 界面管理器

步骤：（1）查看系统信息。

（2）启动工具。

（3）推画面设置。

观察：（1）管理器上显示的系统信息：当前时间、当前系统频率、当前系统总负荷和SCADA 主节点名。

（2）用户可以点中启动下拉式菜单，如图 8-1 所示。选择启动工具，如可以启动画面编辑工具、在线操作工具、数据库管理工具等。

（3）用户目前画面可推还是不可推。

思考：本工作站推画面和不推画面有何区别？

2. 进入在线操作界面

认识：用户要监视电网的运行情况，首先必须进入在线操作界面。系统是由许多不同的应用组成的，而每个应用又位于系统的不同工作站。如有的工作站上有高级应用，有的工作站上则没有。因此用户要进入画面显示系统，就必须选择进入哪一个应用的主目录。用户在系统中的每台工作站上都可以选择系统中已安装的应用，而不必了解该应用在系统的哪个节点上。

步骤：（1）进入 SCADA 画面。

（2）进入历史报表画面。

（3）设置用户的权限。

观察：（1）用户在界面管理器窗口上的启动下拉式菜单中选择进入 SCADA 画面按钮（图8-1）。系统要求用户输入用户名及口令，用户输入完毕按"确认"，经系统验证无误后，则进入系统 SCADA 主目录（图8-2）。如果用户名或口令不正确，则提示用户登录失败。

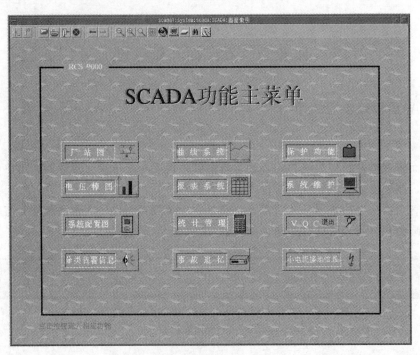

图 8-2 SCADA 画面

（2）用户要调用某一个应用的画面，或在某个应用下操作，必须具有一定的权限。用户在某个应用下具有的权限是由系统管理人员预先定义的。

思考：进入在线操作界面可以进行哪些操作？

二、界面管理工作原理

通过管理器，用户可以了解系统概况、启动各种工具和设定本工作站推画面允许与否。

目前可以启动的工具有编辑工具、画面显示和数据库工具。数据库工具包括数据库生成、数据库浏览、数据库定义和应用定义。

在用户选择要启动的工具时，界面管理器要求用户输入用户名及口令，如果界面管理器确认该用户是存在的，则启动指定的工具，否则提示登录失败。

用户可以根据需要设定本工作站是否要推画面。如果用户认为本工作站目前不需要关注报警信息，可以设置本工作站不推画面。

设置步骤如下：①点中可推画面按钮；②选择可推画面或禁推画面。

1. 用户属性

一个用户被赋予一个属性。用户属性包括组号及人员类型。组号是用于报警与 SCA-DA 操作的。在 SCADA 数据库中每个模拟量和状态量都被指定了一个组号。在调度员对

SCADA 进行操作的时候，在线操作子系统要核对用户组号与操作对象的组号是否一致，如果一致，则允许操作；如果不一致，则提示错误消息。

当某一个数据量发生异常引起报警时，在线操作子系统要核对该报警源的组号是否与用户的组号一致，如果一致，则产生报警；如果不一致，则不产生报警。

人员类型有以下几种：系统管理员、调度员、维护人员。

人员类型是用于判别操作的合法性的。在线操作子系统对于系统中的每一个操作命令都定义了一个操作范围，如是否允许系统管理员操作、是否允许调度员操作。当用户发出一条操作命令时，系统要核对该用户的身份，检查该命令是否允许这类人员操作，如果允许则操作进行，如果不允许则操作不能进行。

用户对于一个应用的权限：对于每一个用户需要进入的应用，由系统管理人员预先定了一个权限。如：

用户：system

应用：scada　　　　权限：读写执行

应用：history　　　权限：读写

一个用户对于某个应用的权限可以定义以下四种：

(1) 读。可以调用该应用的画面。

(2) 写。可以对该应用的数据录入。

(3) 执行。可以对该应用进行操作，如 SCADA 应用的遥控操作。

(4) 数据查询。可以查询该应用的数据。

当一个用户请求调用一个应用的画面时，在线操作子系统要检查该用户对这个应用是否具有读权限，如果具有读权限，则允许用户调看画面；如果没有读权限，则不允许调看画面。

2. 工作站属性

为了安全起见，在线操作子系统将 EMS 中的每台工作站赋予一定的操作属性，这些属性包括：遥控允许、检修允许、变位允许。

一般遥控允许的工作站仅限于调度控制室内的工作站。当一个可以进行遥控操作的用户在控制室以外的工作站上发出遥控命令时，系统会拒绝命令的执行。这样就可以防止运行监控人员不在工作岗位上发出命令。检修与变位操作的检查与遥控操作类似。

3. 系统的权限管理

当一个用户发出一个请求时，在线操作子系统都要从三个方面（工作站属性、用户属性、用户权限）来进行权限的检查。只有用户发出的请求在其权限范围内时，系统才对用户的请求作出正确的响应，否则将提示错误消息。如果用户不能进行正常的操作，请与系统管理人员联系，核对权限。

【拓 展 知 识】

综合自动化系统操作界面主要的命令工具条由报警浏览、报表管理、分类报警显示（弹出报警、事故跳闸、保护事件、断路器及隔离开关变位、模拟量越限、一般事件）、实时库参数修改、打印机、复位声响、报文监视、运行日志、曲线、人工置数列表组成。

任务二 画面管理

一、画面管理步骤练习

1. 调画面

认识：用户登录画面系统后，最常用的操作就是调画面、打开新的画面窗口、关闭一个画面窗口等。因为用户进行的操作一般都在某一个画面上进行，因此帮助用户在尽可能短的时间内进入需要的画面是画面管理的重要任务。此外，为了用户能了解更多的信息，画面管理允许用户在一个显示屏上开多个窗口，一般一屏上的窗口数目最大可达80余个。如果用户需要从画面系统进入其他系统，如报表系统等，画面管理提供手段让用户进入其他子系统。对于已显示的画面用户可以根据需要用黑白或彩色打印机将画面打印出来。画面管理提供的调画面方法有许多种，用户可根据需要选择。

步骤：(1) 利用画面字典（图8-3）调画面。

(2) 利用光敏区调画面。

(3) 利用上、下页功能调用画面。

(4) 利用功能键调画面。

(5) 厂站图画面的调用。

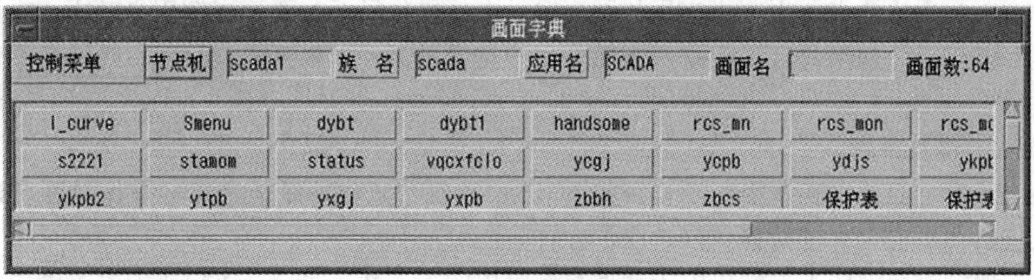

图8-3 画面字典

观察：(1) 画面字典是系统内画面的列表。用户完成画面的生成后，可以直接在画面字典中调出。画面字典是否起作用是由系统管理人员在每个工作站上预先设置的。如果一个工作站允许使用画面字典，则画面字典的按钮是可以激活的，如图8-3所示。

(2) 画面管理系统对用户过去调用的20幅画面形成一个队列，用户利用上、下页功能调用这个队列中的画面，如用户调用过程如下：第一次调"画面索引"；第二次调"厂站索引"；第三次调"遥观变"；第四次调"遥测表"（当前）。

然后开始操作上、下页，其过程及结果如下：

操作　　　　显示画面

"上页"　　　"遥观变"

"上页"　　　"厂站索引"

"上页"　　　"画面索引"

"下页"　　　"厂站索引"

"下页"　　　"遥观变"

用户可以把重要的画面定义为一键调出的模式。如"F1"键调用"画面索引"，用户按下"F1"键后，画面管理便可调出"画面索引"。

对于厂站图类型的画面，当用户在当前画面上有厂站名数据处按下鼠标左键，则画面管理调出该厂站图画面。如在"未确认告警表"中有这样一条记录"遥观变 110kV 电压异常"，用户用鼠标左键点击"遥观变"，则可调出遥观变的厂站图。

思考：光敏区调画面有几种类型？应该如何调画面？

2. 选择平面

认识：当一个画面内包含有多个平面时，用户可以选择显示某些平面。选择显示平面时，用户按下画面窗口上的"平面"按钮，系统弹出"选择显示层"对话框，如图 8 - 4 所示。

步骤：（1）用户在已显示层的列表中选择平面名称，将已显示的平面变成当前不显示的平面。

（2）用户在未显示层的列表中选择一个平面，将该平面从不显示状态变为显示状态。

观察：（1）已显示层列表中取消该平面项，同时在未显示层列表中加入该平面项。

（2）该平面将从未显示层的列表中取消，同时在已显示层列表加入该平面项。

思考：（1）"选择显示层"对话框中的"缺省"按钮的作用是什么？

（2）"选择显示层"对话框中的"保存"按钮是否可以对已选择平面状态进行保存？

图 8 - 4　"选择显示层"对话框

3. 多窗口的管理

认识：当用户打开了许多窗口后，如果不需要某个窗口可以按"关闭画面"按钮来关闭该窗口。当屏幕上只有一个窗口时，用户按下"关闭画面"按钮后，系统会提示用户是否要退出系统。如果用户按"退出"按钮，则退出在线操作系统；如果用户按"不退"按钮，则不关闭最后一个窗口。

步骤：（1）先打开一个窗口，然后按下"关闭画面"按钮，系统提示用户是否要退出系统时按"不退"按钮。

（2）再打开两个窗口，然后按下"关闭画面"按钮，逐一将三个窗口关闭。

观察：（1）在线的唯一窗口是否关闭。

（2）前两个窗口和最后一个窗口的区别。

思考：变电站综合自动化系统多窗口管理和日常计算机应用中的办公软件系统有何区别？

4. 画面拷贝

认识：用户可以把当前调出的画面在打印机上打印出来。画面的打印方式由系统管理员预先设定，用户只需按"拷贝"按钮，弹出拷贝的设置窗口，如图 8 - 5 所示。

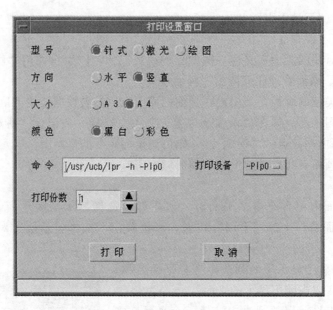

图8-5 "打印设置窗口"对话框

步骤：任意把其中一个当前调出的画面打印出来。

观察：（1）画面拷贝支持的打印机类型。

（2）画面拷贝支持的打印尺寸大小。

（3）画面拷贝支持的打印色彩种类。

思考：设置完毕后，按"确认"键可拷贝当前显示的画面。如果画面打印不出来，有可能是什么原因？

二、画面管理工作原理

如果一个工作站允许使用画面字典，则画面字典的按钮是可以激活的，如图8-3所示。

利用画面字典调画面的方法如下：

（1）用鼠标点中"画面字典"按钮。

（2）系统弹出"画面字典"窗口，窗口中列有画面名。

（3）用户选择族名、应用名、画面名。

（4）系统按要求调出画面。

利用画面字典可以产生多个窗口，其方法如下：

（1）在"画面字典"窗口的下拉式菜单中选择显示。

（2）选择画面名。

（3）系统新开一个窗口，显示用户请求的画面。

如果用户在下拉式菜单中选择替换，则系统在原窗口中用新的画面替代原有的画面。

在一个画面上的敏感处定义了一个与其他画面的链接，可以实现在本窗口内替换画面、在本屏另开一个画面窗口及在其他屏另开一个画面窗口。

在本窗口内替换画面的方法：用鼠标点中敏感区—松开鼠标—系统调出指定画面。

在本屏打开另一个窗口的方法：用鼠标点中敏感区—拖动鼠标到窗口外部—松开鼠标—系统新开一个窗口调出指定画面。

在另一屏新开一个窗口的方法：用鼠标点中敏感区—拖动鼠标到另一屏上—松开鼠标—系统在鼠标所在的屏上新开一个窗口调出指定画面。

"选择显示层"对话框中的"缺省"按钮，表示将按用户在做画面时定义的平面显示状态来决定是否显示该平面。对于已选择的平面显示状态，用户可以通过"保存"按钮来将其保存，作为下次调画面时的平面显示状态。

画面管理除了可以实现以上功能，用户可以在画面系统中进入其他的应用，如进入系统维护、历史、VQC等。如图8-2所示，用户可以在画面索引中点击相关的敏感点进入其他的应用，如：曲线系统、报表系统、事故追忆、系统维护等。

【拓　展　知　识】

因为画面有许多属性，利用画面字典可以对字典中列出的画面名进行分类。如在画面字典的下拉式菜单中选择厂站图类型画面，则"画面字典"窗口中列出所有厂站图类型的画面，供用户选择厂站图。其他类型的画面检索与此类似。

任务三　可视区的移动

一、可视区移动步骤练习

认识：一个画面窗口的大小是有限的，而画面系统中画面的大小是任意的，因此一个画面很可能比一个窗口大很多，这就必然导致画面的一部分是不可视的。画面系统为用户提供了一系列变化可视区的方法，可以让用户很快地把可视区放到画面的任意一个位置。

步骤：（1）平滑漫游。用户可以用鼠标拖动可视区平滑地移动。

（2）有级缩放。按一定比例扩大或缩小画面。

（3）区域放大。在窗口内指定一个矩形区，将矩形区的内容放大到满窗口。

（4）无级缩放。用户用鼠标平滑地放大或缩小。

（5）恢复。按画面窗口上的"恢复"按钮，则画面的可视区恢复到画面调出时的位置和大小。

（6）导航器。在画面窗口上点击"导航"按钮，就可以打开"导航器"窗口，如图8-6所示。

观察：（1）点击"平滑漫游"按钮，在画面显示区按下鼠标左键，拖动鼠标，可视区随鼠标平滑地移动，在合适的地方松开按键，可视区即被定位。

（2）点击"有级缩放"的缩小按钮，画面缩小为原来的1/2；点击扩大按钮，画面扩大为原来的2倍。

（3）点击"区域放大"按钮，在画面显示区按下鼠标左键，拖动鼠标拉出一个矩形

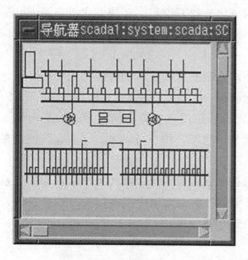

图 8-6　"导航器"窗口

区，在合适的地方松开鼠标左键，系统按照指定的矩形区放大画面。

（4）点击"无级缩放"按钮，在画面显示区内按下鼠标左键，向上拖动鼠标，则平滑地缩小画面；向下拖动鼠标，则平滑地放大画面。放大或缩小到需要的比例松开鼠标。

（5）对于画面范围大于窗口范围的画面，打开"导航器"窗口，利用导航器来定位可视区。

二、可视区移动的工作原理

对于一个画面范围大于窗口范围的画面，用户可以利用导航器来方便地了解当前可视区的位置，也可以快速地定位可视区。

"导航器"窗口内显示出画面的全部内容，其中每一个矩形区表示一个屏幕的大小，图上的画面为四个屏幕的大小。白色的填充矩形表示当前可视区的位置。从图上可以看出画面的当前可视区位于整个画面的左上角。

利用导航器来定位可视区有两种方法。

（1）在导航器窗口的白色矩形框内按下鼠标左键，并在导航器窗口内拖动鼠标，此时白色矩形表示的可视区随之移动，同时画面窗口内的显示内容也随之移动。如果可视区已经移到需要的位置，松开鼠标即可。

（2）用鼠标左键点击"导航器"窗口内白色矩形以外的任何位置，则将可视区的中心点置于鼠标点击处。

三、拓展（技能知识）

可视区的移动如同 CAD 绘图软件中的图形移动。

任务四　数据及参数的查询

一、数据及参数的查询步骤练习

1. 表格数据的查询

认识：变电站综合自动化画面系统中有一类列表画面，如告警信息表、遥测遥信表等。这些表格列出的数据都是有条件的，如告警信息表中开始列出的是厂站的告警信息，用户可以根据需要指定查询某类型的告警信息。此外，在厂站图上只显示了该厂站的遥测或遥信数据，如果用户想了解某一数据的相关数据，如某个遥测量的限值、数据来源等相关信息，也必须使用数据查询功能。

表格数据的查询要在列表画面上进行，一般来说，在列表画面上有一个查询按钮，如保护定值表中的"装置选择"，还有"上页"、"下页"按钮。下面以定值表为例来描述列表数据的查询，其他列表数据的查询与此类似。

步骤：（1）用户由画面系统调出保护定值表，如图 8-7 所示。

　　（2）用户如果想调看其他装置的遥信数据，可以点击"装置选择"按钮，这时画面系统弹出装置选择窗口，如图 8-7 所示。

　　（3）如用户选择"110kV 后备保护"，则显示该装置的定值参数。

　　（4）用户可以任意选择系统内任何装置的数据。

观察：（1）定值表画面由列表标题"××保护定值表"、该装置的参数列表、装置选择按钮、上下页按钮、进入其他画面的光敏区构成。

　　（2）如果某些装置的数据较多，在一个画面内无法显示全，可利用上、下页检索数据。

　　（3）在保护定值表中每次最多只能显示

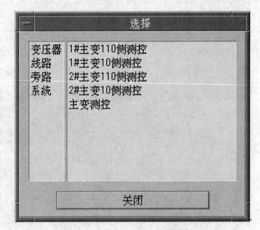

图 8-7 "选择"窗口

12 条定值参数，第一次显示的是第 1～12 条记录，当用户按"下页"按钮时，就可以显示第 13～24 条记录，按"上页"按钮回显前 12 条记录。

思考：（1）表格数据查询的内容有哪些？

　　（2）表格数据查询与告警信息表、系统任务列表等表格的数据查询有何区别？

　　2. 数据库查询

认识：数据库查询主要是查询某个遥测或遥信量的相关数据。对于遥测量，用户可以查询数据参数、多源数据、极值数据、越限数据；对于遥信量，用户可以查询数据参数、多源数据；对于电度量，用户可以查询数据参数。

步骤：（1）遥测量的数据查询。对于一个遥测量，可以查询其参数、多源数据、极值数据和越限数据。

　　（2）遥信量的数据查询。对于一个遥信量可以查询它的参数和多源数据。

　　（3）电度量的数据查询。进入电度量画面；在操作菜单中选择"数据查询"；在画面中选择要查询的电度量；系统弹出数据库查询窗口。

观察：（1）遥测量的参数、多源数据、极值数据和越限数据。

　　（2）遥信量的参数和多源数据。

　　（3）数据库查询窗口内显示的电度参数包括厂站名称、外部标识、电度顺序、标度系数及满码值。

思考：（1）数据库查询时，其数据显示内容是是否可以设置？

　　（2）数据库查询的作用是什么？

3. 当前趋势的查询

认识：用户可对任意一个遥测值进行当前趋势的查询。

步骤：由画面系统进入厂站图；用鼠标右键点击画面上的遥测量，弹出下拉式菜单；在操作菜单上选择"查询当前趋势"；在画面上选择一个遥测量；系统弹出一个"趋势曲线"窗口。如图8-8所示。

图8-8 "趋势曲线"窗口

观察："趋势曲线"窗口内有趋势曲线的名称、一条随时间变化的曲线及一个"拉标杆"按钮。

思考：可以用拉标杆来查询某一个时刻的曲线数据，请问该如何操作？

4. 历史曲线的查询

认识：用户可以对任意一个遥测点的历史数据进行查询。"历史数据查询"窗口内缺省显示的是用户指定的遥测点的当天0：00至当前时段的曲线。"历史数据查询"窗口的下半部分显示的是历史曲线每一个数据点的数据。在"历史数据查询"窗口内，用户可以进行一些操作来改变显示的内容。

步骤：（1）打开"历史数据查询"窗口。由画面系统进入厂站图；用鼠标右键点击画面上的遥测量，弹出下拉式菜单；在操作菜单上选择"查询历史曲线"；在画面上选择一个遥测点；系统弹出"历史数据查询"窗口，如图8-9所示。

（2）增加一条曲线的显示。点击"历史数据查询"窗口内的"任选项"菜单；在任选项下拉式菜单中选择"显示"中的"增加"按钮；在画面内选择要增加的遥测点；系统按照用户要求在窗口内增加一条曲线的显示。

（3）改变曲线的显示时段。改变曲线的显示时段可以查询相应时段的曲线信息。

（4）修改历史数据。对于一个历史数据，用户可以人工进行修改，其方法如下：在

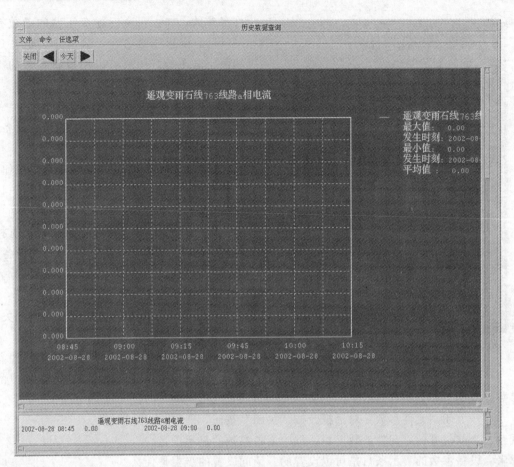

图 8 - 9 "历史数据查询" 窗口

"历史数据查询"窗口中点击"命令"菜单；在命令下拉式菜单中选择"数据设置"；系统弹出"数据设置"对话框，对话框中有一时标列表和一个数据输入区；用户在时标列表中选择一个要修改的数据时标；在数据输入区输入要修改的数据；按"确认"，则系统根据要求修改指定时标的数据；或按"取消"，取消数据的修改。

（5）取消曲线。用户可以取消"历史数据查询"窗口内的曲线，重新选择新的测点，有两种方法供用户选择。方法一——直接替代，步骤如下：点击"任选项"菜单；在下拉式菜单中选择"显示"中的"替代"；在画面上选择一个新的遥测点；系统按照用户要求用新的遥测点替代原先的遥测点；其后的替代可直接在画面上选择新的遥测点。方法二——先清除所有的曲线，然后选择新的遥测点，方法如下：点击"命令"菜单；在下拉式菜单中选择"清除"；在画面上选择新的遥测点。

（6）关闭"历史数据查询"窗口。按"关闭"按钮，关闭"历史数据查询"窗口。

观察：根据以上操作步骤进行历史曲线的查询，观察还有什么地方是以上没有提及的。

思考：改变历史曲线有几种方法，应该如何操作？

5. 设备参数的查询

认识：电力系统中有许多电力设备，如开关、刀闸、变压器、母线、线路等。这些设备有

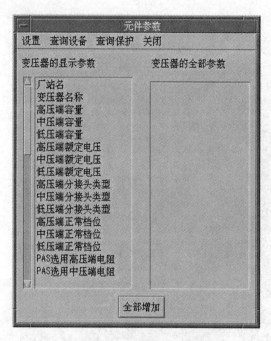

图 8-10 "元件参数"对话框

许多参数，如：一个三卷变压器的参数有高（低、中）压端容量，高（中、低）压端额定电压等。用户可以用设备参数的查询来查询一个设备的参数。

步骤：（1）由画面系统进入厂站图。

（2）用鼠标右键点击画面上的设备，弹出下拉式菜单。

（3）点击菜单中的"参数查询"按钮，系统弹出"元件参数"对话框，如图 8-10 所示。

（4）在"元件参数"对话框中选择"查询设备"或"查询保护"，"查询设备"表示查询指定设备的参数，"查询保护"表示查询指定设备的保护参数。

（5）在画面上选择一个设备，如开关、母线、变压器等。

（6）系统根据用户的选择在"元件参数"对话框中列出该设备或设备保护的参数。

（7）关闭"元件参数"对话框。按"关闭"按钮，即可关闭对话框。

观察：当前打开的"元件参数"对话框中设备参数的显示条目。

思考：设备参数的显示条目是可以设置的，请问设置的步骤是什么？

6. 事故追忆的重演

认识：事故追忆全面记录事故发生前 M 分钟后 N 分钟（M、N 在 SCADA 管理画面上可定义）内变电站的运行状态及告警信息，事故追忆分为人工启动和自动触发两类，自动触发即触发源可在 SCADA 数据库的"报警定义"中定义，可以是开关事故，也可以是某个保护动作，也可以是别的任意事项；人工启动用中键点"事故追忆"再点"触发事故追忆"而启动，启动后 N 分钟可以形成一个完整的事故追忆文件集合，如在 N 分钟内再有触发条件产生，则将延续追忆满最后一个 N 分钟后完成。

步骤：（1）在主目录画面上点选"事故追忆"进入"事故追忆重演"画面，如图 8-11 所示。

（2）人工启动方式，采用中键弹出菜单，选择"事故追忆"。

（3）再点"触发事故追忆"，在报警窗口中显示相应报警。

（4）启动后，等待至追忆源登录"追忆目录"。

观察：事故追忆重演过程。

（1）开始一个事故追忆的重演，请先选择文件：点"追忆文件选择"，再在追忆文件目录中选取以时间为名称的目录名，事故追忆重演即开始；一旦重演开始，"消息框"中便会有状态及操作的提示。

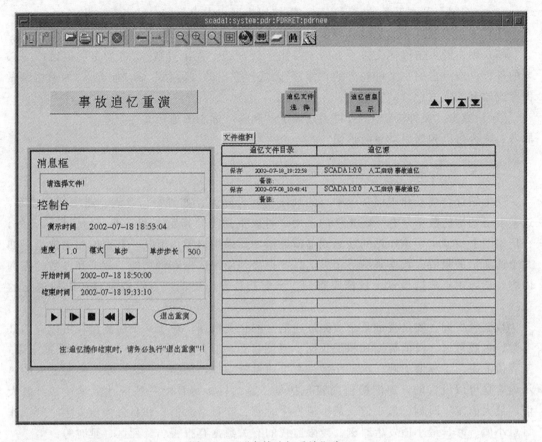

图 8 - 11　"事故追忆重演"窗口

（2）"控制台"上的演示时间是事故发生时的真实时间，它随重演的进行而推移，在重演过程中，可以用右键"人工置数"来改变其时间，改变演示时间前请先按"停止"键停止重演，再用右键"人工置数"修改时间。

（3）可以用右键"人工置数"改变"速度"值，该值与重演时的速度有关，值越小速度越快，0.2 相当于加速 5 倍重演。

（4）可以用右键"人工置数"改变"模式"为"单步"或"连续"，"连续"意味着重演过程连续进行，直至人工干预为止；"单步"则走"单步步长"指示的秒数后暂停，等待按下"开始"键后再继续走一个"单步步长"。在重演过程中，可以任意变换模式为"单步"或"连续"，由"单步"变为"连续"时，如是在暂停过程中，请按"开始"键使重演继续。

（5）"结束时间"指示重演结束时间，可用右键"人工置数"将其设为需停止的时间，默认值为该次事故追忆保存的最后一个报文的时间。

（6）"控制台"底部有五个按钮，从左至右分别为："开始""暂停""停止""快倒""快进"，它们的功能分别为："开始"即开始重演，"暂停"即暂停重演（停在当前时间点），"停止"即停止本次重演，"快倒"即点一次则后退"单步步长"所指示的秒数，"快进"即点一次则前进"单步步长"所指示的秒数。

（7）"控制台"右下角的"退出重演"按钮为退出本次重演，结束重演状态。

（8）演示可通过"追忆信息显示"目录中的厂站图、潮流图或曲线等多种方式进行。

（9）用右键点击追忆文件下方的"备注"处，选"人工置数"，可为每一追忆源写必要的备忘。或点击追忆文件左方的"保存"，选择弹出的"保存"或"删除"，为追忆源做保存或放弃的标志。

（10）点击"文件维护"，可将上述做了"删除"标志的追忆文件删除。

思考：是否可以频繁启动事故追忆？

二、数据及参数的查询工作原理

变电站综合自动化画面系统中有的画面是列表画面，如告警信息表、遥测遥信表等。这些表格列出的数据是有一定条件的，用户可以根据需要指定查询某类型的信息。此外，在厂站图上只显示了该厂站的遥测或遥信数据，如果用户想了解某一数据的相关数据，如某个遥测量的限值、数据来源等相关信息，也必须使用数据查询功能。数据和参数的查询内容包括：表格数据检索、数据库查询、当前趋势、历史曲线、设备参数和事故追忆的重演。

数据库查询主要是查询某个遥测或遥信量的相关数据。对于一个遥测量，可以查询其参数、多源数据、极值数据和越限数据。遥测参数包括厂站名称、外部标识、数据下限、工程值上限、工程值下限、远动序号、数据质量标志等，如图 8－12 所示。多源数据的显示内容是可以设置的。遥测极值内容包括早、晚、谷、每日的一些统计数据，如：最大值、最大值发生时刻、最小值、最小值发生时刻、昨日最大值、昨日最大值发生时刻、昨日最小值、昨日最小值发生时刻。越限监视的有关数据有报警名、死区、延时等。

对于一个遥信量，可以查询它的参数和多源数据。遥信参数包括极性位、远动顺序号、报警类型等。多源数据的显示内容包括数据来源、优先级可信度计算组号及最新刷新时间等。

对于一个电度量，可以查询它的厂站名称、外部标识、电度顺序、标度系数及满码值。

用拉标杆可以查询某一个时刻的曲线数据，其操作过程是：在"趋势曲线"窗口内点击"拉标杆"按钮；在曲线范围内按下鼠标左键，这时曲线区域内会出现一条竖直的标杆，同时画面窗口的左上角会显示标杆所在处的数值与时标；拖动鼠标，标杆随之移动，数值与时标也随之变化；用户根据需要拖动鼠标以查看不同时刻的曲线数据；松开鼠标，则查询完毕。

改变曲线的显示时段可以查询相应时段的曲线信息。改变曲线的显示时段有四种方法。

（1）用"⇦"按钮将显示时段的日期改变成前一天的日期，而起始时间和结束时间不变。

（2）用"⇨"按钮将显示时段的日期改变成后一天的日期，而起始时间和结束时间不变。

（3）用"今天"按钮将显示时段改变成今天的 0：00 至当前时间。

（4）由用户选择一个任意的起始时间和结束时间。在"历史数据查询"窗口中点击"任选项"；在下拉式菜单中点击"时段选择"；系统弹出"时段选择"对话框，"时段选择"对话框中有起始时间和结束时间的输入区；用户按提示输入起始时间和结束时间；按"确认"完成输入，或按"取消"取消输入。

用户可以查询的设备有：开关、刀闸、变压器、母线、线路、负荷、发电机、保护、电容电抗器、厂站自动装置。设备参数的显示条目是可以根据需要设置的。下面以变压器设备为例，描述修改显示条目的步骤：在"元件参数"对话框中点击"设置"；在下拉式菜单中选择变压器；"元件参数"对话框中列出了显示参数的清单；选择显示或不显示的条目；保存设置；系统在今后的查询中按照用户指定条目来显示查询的参数。

事故追忆演示过程存储数据量较大，请不要频繁启动事故追忆，合适地定义好启动事故追忆的源，并且有目的地人工启动。请对自己关心的追忆源作备注，一段时间后，为节约空间，应该由维护人员将不再需要保存的追忆文件删除。

三、故障处理

监控后台的数据及参数不能反映现场实际情况。一般先检查监控后台的数据连接是否正确，如果正确，则再检查现场接线是否正确。

【拓 展 知 识】

1. 遥测量的数据查询

对于一个遥测量，可以查询其参数、多源数据、极值数据和越限数据。

（1）数据查询。用户由画面系统进入厂站图；用鼠标右键点击画面上的遥测量，弹出下拉式菜单；点击菜单上的"数据查询"；点击画面上的遥测点；弹出"数据库查询"窗口，如图8-12所示。

（2）多源数据查询。进入厂站图画面；用鼠标右键点击画面上的遥测量，弹出下拉式菜单；点击菜单上的"数据查询"；弹出数据查询窗口；在数据库查询窗口上点"多源数据"按钮；在画面上点击遥测量。

（3）极值数据查询。进入厂站图画面；用鼠标右键点击画面上的遥测量，弹出下拉式菜单；点击菜单上的"数据查询"；在画面上选择遥测点；在数据库查询窗口上点"极值数据查询"按钮。

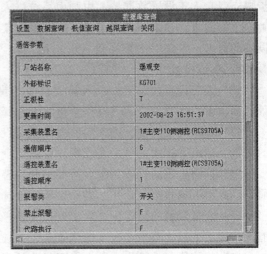

图8-12 "数据库查询"窗口

（4）越限数据查询。在数据库查询窗口上点击"越限查询"；在画面上点击遥测量；窗口中列出了越限监视的有关数据，如报警名、死区、延时等。

2. 遥信量的数据查询

对于一个遥信量可以查询它的参数和多源数据。

（1）遥信参数的查询。由画面系统进入厂站图；用鼠标右键点击画面上的设备，弹出下拉式菜单；点击菜单上的"数据查询"；在"数据库查询"窗口中列出了遥信的参数。

（2）多源数据的查询。在"数据库查询"窗口上点击"多源数据"按钮；在画面上选择一个遥信点；该遥信点的多源数据在"数据库查询"窗口内显示。

任务五　SCADA 基本操作

一、SCADA 基本操作步骤练习

1. 数据质量标志及有关操作

认识：为了保证电力系统安全而高质量的运行，在很多情况下要求人工干预调度自动化系统，如调度员进行的一些遥控、遥调操作、报警确认操作等。

电力系统中的数据量如有功、无功、电流等除了有数值大小这一属性之外，还有质量属性，如是否越限、是否人工设置、是否抑制告警等。电网中的开关量除了分、合状态属性之外，也有质量属性，如是否发生过事故跳闸或是否有过正常的变位操作等。

数据的质量标志一般是以数据显示的颜色来表示的，如红色表示越限或事故，蓝色表示一个量被抑制告警。一个数据的显示颜色所表示的意义请参见画面系统中的"颜色决策"画面。

一个数据的质量属性有些是人工设置的，如人工置数、抑制告警等；而有些是应用程序设置的，如一个数的越限标志、旧数据标志等。

步骤：（1）人工设置数据量。由画面系统进入需要设置的量所在的画面；用鼠标右键点击画面上的前景，弹出下拉式菜单；在"操作菜单"上选择"人工设置"；在画面上选择要设置的数据；系统弹出数据输入框；用户输入要设置的数据；按"确认"完成设置；按"取消"取消设置。

（2）人工设置状态量。进入需要设置的量所在的画面；用鼠标右键点击画面上的前景，弹出下拉式菜单；在"操作菜单"上选择"变位设置"。

（3）解除人工设置。进入需要解除人工设置的量所在的画面；用鼠标右键点击画面上的前景，弹出下拉式菜单；在"操作菜单"上选择"清除设置"。

（4）抑制告警的操作。进入需要抑制告警的量所在的画面；用鼠标右键点击画面上的前景，弹出下拉式菜单；在"操作菜单"上选择"抑制告警"。

（5）恢复告警的操作。进入需要抑制告警的量所在的画面；用鼠标右键点击画面上的前景，弹出下拉式菜单；在"操作菜单"上选择"恢复告警"。

（6）代路执行的操作。进入需要代路的开关所在的厂站图；用鼠标右键点击画面上的前景，弹出下拉式菜单；在"操作菜单"上选择"代路执行"。

（7）取消代路的操作。进入需要取消代路的开关所在的厂站图；用鼠标右键点击画面上的前景，弹出下拉式菜单；在"操作菜单"上选择"代路取消"。

（8）检修执行的操作。进入需要检修操作的开关所在的厂站图；用鼠标右键点击画面上的前景，弹出下拉式菜单；在"操作菜单"上选择"检修执行"。

　　（9）检修取消的操作。进入需要操作的开关所在的厂站图；用鼠标右键点击画面上的前景，弹出下拉式菜单；在"操作菜单"上选择"检修取消"。

　　（10）遥控遥调禁止的操作。进入操作目标所在的画面；用鼠标右键点击画面上的前景，弹出下拉式菜单；在"操作菜单"中选择"遥控遥调禁止"。

　　（11）遥控遥调恢复的操作。进入操作目标所在的画面；用鼠标右键点击画面上的前景，弹出下拉式菜单；在"操作菜单"中选择"遥控遥调恢复"。

　　（12）禁止打印的操作。进入操作目标所在的画面；用鼠标右键点击画面上的前景，弹出下拉式菜单；在"操作菜单"中选择"禁止打印"。

　　（13）恢复打印的操作。进入操作目标所在的画面；点击"操作菜单"；在"操作菜单"中选择"恢复打印"。

观察：逐一观察操作完成后的结果。

思考：数据质量标志及有关操作的意义是什么？

　　2．报警的确认

认识：当系统中的数据量越限时，在画面上该数据会以特殊的颜色显示及闪烁，以提示运行人员注意。运行人员在了解情况后，可以用确认操作使数据量的显示正常。同样地，系统中的开关发生变位时，开关的显示颜色也会发生变化。当开关是正常时，在变位后 30s 显示状态会恢复正常；当开关是事故变位时，必须由运行人员进行确认后，显示状态才能恢复正常。

步骤：用三种方法确认报警。

　　（1）确认一个测点的报警。进入确认测点所在的画面；用鼠标右键点击画面上的前景，弹出下拉式菜单；在"操作菜单"中选择"报警确认"。

　　（2）确认一个厂站内的全部测点。进入确认测点所在的画面；用鼠标右键点击画面上的前景，弹出下拉式菜单；在"操作菜单"中选择"厂站确认"。

　　（3）确认告警条目。进入未确认告警画面；在画面上选择"确认"；点击要确认的条目。确认一页告警条目：进入未确认告警画面；在画面上选择"确认一页"。确认全部告警条目：进入未确认告警画面；在画面上选择"全部确认"。

观察：逐一观察操作完成后的结果。

思考：确认报警的作用是什么？

　　3．远方控制

认识：运行人员可以在调度室内控制变电站的设备，如开关分合、变压器的升档与降档、一个控制序列的执行等，这些操作在变电站综合自动化系统内都能方便地实现。

步骤：（1）遥控操作。进入厂站图画面；用鼠标右键点击画面上的前景，弹出下拉式菜单；选择"操作菜单"上的"遥控操作"按钮；画面系统弹出"遥控选择"对话框，如图 8-13 所示，对话框中列出了遥控对象的名称，用户需输入口令；按"取消"取消遥控操作，操作中止。按"确认"开始遥控操作；系统进行遥控反校，两次确认后，发送遥控命令。

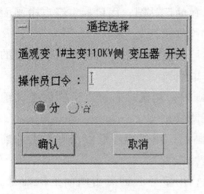

图 8-13 "遥控选择"对话框

（2）升降操作。进入厂站图画面；用鼠标右键点击画面上的前景，弹出下拉式菜单；在"操作菜单"上选择"升降选择"；系统弹出"升降选择"对话框，用户需输入口令；选择"升"或"降"；按"取消"取消升降选择操作，操作中止。按"确认"开始升降选择操作；系统进行升降反校，两次确认后，发送升降命令。

（3）遥调操作。进入厂站图画面；用鼠标右键点击画面上的前景，弹出下拉式菜单；点击"操作菜单"上的"遥调操作"按钮；画面系统弹出"遥调选择"对话框，对话框中列出了遥调对象的名称，用户需输入口令；输入遥调值；按"取消"取消遥调操作，操作中止。按"确认"开始遥调操作；系统进行升降反校，两次确认后，发送遥调命令。

观察：逐一观察操作完成后的结果。

思考：（1）进行某台断路器的遥控操作时，发现厂站图画面中断路器的状态没有变化，该怎么办？

（2）进行 1 号主变的有载分接开关升降操作时，2 号主变有载分接开关的档位有变化，为什么？

4. 标识器的应用

认识：标识器是用来查看一个数据量或开关量的数据项名称的。

步骤：（1）进入需标识对象所在的画面。

（2）用鼠标右键点击画面上的前景，弹出下拉式菜单。

（3）在"操作菜单"上选择"标识器"。

（4）在画面上选择被标识对象。

（5）系统弹出选择对象的数据项名称，如图 8-14 所示。

观察：观察操作完成后的结果。

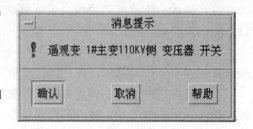

图 8-14 消息提示

二、SCADA 基本操作工作原理

人工设置是针对一个数据量或状态量的。人工设置的数据量可以是实测的，也可以是非实测的。对于一个实测的数据，在进行人工设置后，在实时数据库中就不用远动送来的实测值进行更新。对于已进行了人工设置的数据量或状态量，可以用"清除设置"来解除人工设置状态。对于实测量而言，解除人工设置后，在实时数据库中用远动送来的实测量进行更新。

抑制告警操作是针对一个数据量或状态量的。当一个数据量或状态量被抑制告警后，在数据量越限或开关量事故时，不产生报警，而实时库的内容依然按照远动送来的实时信息更新。如果解除对一个量的抑制告警，使用恢复告警操作。

当某一个厂站的旁路开关合上时，由于通常远动是不采集刀闸状态的，因此需要运行人工选择被代线路，以使应用程序明白应将旁路开关处的遥测量放到哪条线路上。运行人员使用代路执行操作选择被代线路，使用代路取消操作来取消代路。

当某一个厂站的开关检修时，因主站端无法从采集数据中获取检修的信息，而运行人员必须借助人工手段将设备的检修信息反映到变电站综合自动化系统中。

当一个开关被置成检修状态时，运行人员不能对此开关进行遥控操作。

当用户需要对一个开关量禁止遥控操作或对一个数据量禁止遥调操作时，可以使用遥控遥调操作。当需要恢复一个量的遥控或遥调操作时，使用遥控遥调恢复操作。

一般在一个数据越限或一个开关变位时，都要在打印机上打印报警信息。如果用户不希望打印报警信息，可以用禁止打印操作来实现；恢复报警信息的打印则用恢复打印操作来实现。

报警的确认有用三种方法：确认一个测点、确认一个厂站内的全部测点和确认报警表中的一个报警条目。

遥控操作就是由调度员在调度室内人工拉开或合上厂站内的开关。遥控操作命令由后台发送给执行机构，当开关的分、合操作成功后，该开关的分、合状态的变化会在厂站图上反映出来。升降操作就是调度员在调度室内对厂站端的变压器档位进行操作。遥调操作就是调度员在调度室内指定电厂内发电机的出力值。

三、故障处理

SCADA 系统运行中存在的问题主要有两种：遥信误发和遥信漏发。

遥信误发原因主要有：站端远动装置重启时误发遥信，现场接线与站端远动装置的参数或站端远动装置与主站参数库定义不一致，节点抖动，个别信号因辅助节点受潮锈死、老化及机械等原因出现频繁误发信号，装置误发。

遥信漏发的主要原因是：测控、保护装置或智能设备故障，开关、刀闸辅助接点接触不良，防抖时间设置过长。

主要对策或改进措施有以下几种：

（1）要求部分厂家对远动装置程序进行修改，当远动装置重启时往调度端发送的报文在 1min 之内只发同步字，待收到各测控装置的实时数据后，往调度端发送的报文恢复正常。

（2）利用主站 SCADA 系统提供的一些功能来弥补分站端遥信采集的不足。SCADA 主站系统具备慢遥信功能，可在主站设置慢遥信的时间，即在定义的时间范围里该对象状态发生的变化被认为是抖动。

（3）加大变电站设备投产前对四遥量试验验收把关力度，现场必须对每个信号进行实际变位试验。监控中心负责对每个信号验收把关，因此主站与分站、分站远动设备与测控装置参数定义不匹配的现象可以及时发现、及时修改，确保在送电前每个信号都正确无误。

（4）加大投入，提高产品质量。改善无人变电站综合自动化设备的运行环境，对主控室已坏的空调进行修复，对有些保护测控装置直接安装在开关柜上的高压室也安装了空调。综合自动化设备随着环境的改善，装置故障率与信号误发、漏发现象也明显好转。

（5）把变电站开关、刀闸辅助节点改为真空辅助开关，其接点因密封在真空管中，在多粉尘、潮湿及腐蚀性环境中也能保证良好的通断性。

（6）对 RTU 装置接保护信号对应的防抖时间全部修改为 20～30ms，保证保护信号不再出现漏发。

（7）站所设备检修时，要将该设备的"置检修"压板投入，这样设备检修试验时，各类信号不再传至 SCADA。

【拓 展 知 识】

SCADA 系统是以计算机为基础的生产过程控制与调度自动化系统。它可以对现场的运行设备进行监视和控制，以实现数据采集、设备控制、测量、参数调节以及各类信号报警等各项功能。它应用领域很广，可以应用于电力、冶金、石油、化工、燃气、铁路等领域的数据采集与监视控制以及过程控制等诸多领域。在电力系统以及电气化铁道上又称远动系统。

在电力系统中，SCADA 系统应用最为广泛，技术发展也最为成熟。它在远动系统中占重要地位，可以对现场 SCADA 系统的运行设备进行监视和控制，以实现数据采集、设备控制、测量、参数调节以及各类信号报警等各项功能，即人们所知的"四遥"功能，RTU（远程终端单元）、FTU（馈线终端单元）是它的重要组成部分。在现今的变电站综合自动化建设中起了相当重要的作用。

任务六 系 统 的 维 护

一、系统的维护步骤练习

认识：在变电站综合自动化画面显示界面中，用户除了能了解电力系统的运行情况以外，还可以了解变电站综合自动化系统的运行情况，如设备的运行情况、一台工作站的状态、一台工作站上任务的运行状态、往来的运行状态等。对于系统中不正常的运行状态，系统维护人员要进行处理，如工作站的离线、值班及备班的操作等，以保证变电站综合自动化系统的正常运行。

步骤：（1）装置设备的监视。

（2）系统设备运行状态的监视。

（3）系统各节点运行任务的监视。

观察：（1）在系统维护画面中，"装置初始化""装置监视"和"装置详细表"如何对装置的运行状态进行监视。

（2）在"系统配置图""节点状态监视"和"节点 CPU 状态监视"维护画面中监视系统设备的运行状态。

（3）在"进程监视""节点任务定义"和"主机进程告警表"维护画面中监视系统各

节点任务的运行状态。

思考： 在系统维护画面中可以进行哪些操作？

二、系统维护工作原理

关于装置设备的监视，在系统维护画面中有若干幅画面上显示了装置的运行情况，它们是"装置初始化""装置监视"和"装置详细表"。在"装置初始化"画面上可用"人工变位"操作对装置的全部信息采集一遍，即将监控系统的数据库中关于此装置的有关信息进行初始化。装置监视反映了各个装置的运行状态，具体每个图符的表示意义见图上的说明。装置详细表列出了厂站的各个采集装置的详细运行状态，比装置监视内容更多。

关于系统设备运行状态的监视，系统设备的运行状态可以通过"系统配置图""节点状态监视"和"节点 CPU 状态监视"画面来了解。"系统配置图"列出系统中所有设备的运行情况及各设备之间的连接关系。系统中设备的状态用值班、备用、离线、故障来表示。在系统配置图上可以指定一个设备备用或离线。"节点状态监视"列出工作站或服务器的名称、标识、组号、网络状态、声响报警允许标志、正常运行时间等。"节点 CPU 状态监视"列出各节点用户系统所占 CPU 的百分数及空闲时间的百分数。

关于系统各节点运行任务的监视，系统中每个节点运行的任务是不同的，可通过"进程监视""节点任务定义"和"主机进程告警表"画面了解节点上各任务的运行情况。"进程监视"列出一个节点上运行任务的状态，如任务名称、运行状态、是否正常、正常运行时间等。用户可以用节点选择操作来检索各节点任务运行的情况。"节点任务定义"列出一个节点上任务的启动方式及输出设备等。用户可以用节点选择操作来检索各节点任务的定义方式。"主机进程告警表"列出系统中有关节点或任务的告警信息，如节点状态的变化、任务的不正常退出等。有关节点与任务管理的具体细节，请参见任务管理用户指南。

附　表

220kV及以下变电站监控信号配置及校验记录表

设备名称	设备类别	序号	信号名称	信息类别	采集要求	信号的校验说明	校验记录
	遥信类别：A事故（含断路器变位）、B告警、C变位（隔离开关）、D提示、E自动化状态						
220kV线路	开关量						
	一、位置信号						
	断路器位置信号						
	分相操作机构	1	断路器分位	A	三相断路器机构分闸并连接点	与断路器合位校验	
		2	断路器合位	A	三相断路器机构合闸串连接点	与断路器分位校验	
		3	断路器A相位置	A	A相断路器机构常开接点		
		4	断路器B相位置	A	B相断路器机构常开接点		
		5	断路器C相位置	A	C相断路器机构常开接点		
	三相操作机构	1	断路器分位	A	断路器机构常闭接点	与断路器合位校验	
		2	断路器合位	A	断路器机构常开接点	与断路器分位校验	
	隔离开关（含接地刀闸）位置信号						
		1	隔离开关（含接地刀闸）分位	C	隔离开关机构（含接地刀闸）常闭接点	与隔离开关（含接地刀闸）合位校验	
		2	隔离开关（含接地刀闸）合位	C	隔离开关机构（含接地刀闸）常开接点	与隔离开关（含接地刀闸）分位校验	
	二、一次设备本体信号						
	断路器						
	通用信号	1	断路器 SF_6 气压低报警	B			
		2	断路器 SF_6 气压低闭锁	B			

设备名称	设备类别	序号	信号名称	信息类别	采集要求	信号的校验说明	校验记录
220kV 线路	通用信号	3	断路器三相不一致动作	A	本体和保护并联	适用于分相操作机构	
		4	断路器储能电源开关分开	B			
		5	断路器加热电源开关分开	B			
		6	断路器现场就地控制	B			
	（液压）弹操机构	1	弹簧未储能	A			
	液压机构	1	储能电机启动	D			
		2	储能电机超时运转	B			
		3	合闸闭锁	B			
		4	分闸闭锁	B			
	西门子液压机构	1	储能电机启动	D			
		2	储能电机超时运转	B			
		3	N_2 泄漏	B			
		4	合闸闭锁	B	与重合闸闭锁接点合并		
		5	分闸总闭锁	B		油压总闭锁，N_2/OIL/SF_6 分合闸总闭锁，液压异常	
	空压机构	1	空压机运转	D			
		2	空压机超时运转	B			
		3	空气压力低合闸闭锁	B	与重合闸闭锁接点合并		
		4	空气压力低分闸闭锁	B			
		5	空气压力高报警	B			
	GIS 设备增加信号	1	其他气室 SF_6 气压低报警	B			

续表

设备名称	设备类别	序号	信号名称	信息类别	采集要求	信号的校验说明	校验记录
	电流互感器						
		1	SF₆ 气压低报警	B			
	三、保护装置及二次回路信号						
220kV 线路		1	线事故信号	A	操作箱 KKJ 合后位置与 TWJ 常开接点串联		
		2	断路器第一组控制回路断线	B			
		3	断路器第二组控制回路断线	B			
		4	第一套信号的校验保护装置异常	B	保护异常/闭锁/电源异常等合并	每套保护要列出线路编号、保护型号	如：南常 4583 线 WXB–11C 保护装置异常
		5	第一套信号的校验保护电压互感器断线	B	装置内部检测判断	呼唤信号不再采集	
		6	第一套信号的校验保护电流互感器断线	B	装置内部检测判断	只有分相电流差动保护需要	
		7	第一套信号的校验保护动作	A	该装置保护元件动作		如：南常 4583 线 RSC931 保护动作
		8	第一套信号的校验保护主保护动作	A	该装置全线速动主保护动作		如：南常 4583 线 RSC931 差动保护动作
		9	第二套信号的校验保护装置异常	B	保护异常/闭锁/电源异常等合并	每套保护要列出线路编号、保护型号	
		10	第二套信号的校验保护电压互感器断线	B	装置内部检测判断	呼唤信号不再采集	
		11	第二套信号的校验保护电流互感器断线	B	装置内部检测判断	只有分相电流差动保护需要	
		12	第二套信号的校验保护动作	A	该装置保护元件动作		如：南常 4583 线 PSL602 保护动作
		13	第二套信号的校验保护主保护动作	A	该装置全线速动主保护动作		如：南常 4583 线 PSL602 高频保护动作

设备名称	设备类别	序号	信号名称	信息类别	采集要求	信号的校验说明	校验记录
220kV线路		14	信号的校验线重合闸动作	A			如：南常 4583线重合闸动作
		15	信号的校验线失灵保护重跳动作	A			如：南常 4583线 PSL631 失灵保护重跳动作
		16	信号的校验线失灵装置异常	B			
		17	信号的校验线收发信机动作	D			
		18	信号的校验线收发信机（光纤接口装置）异常	B			
		19	信号的校验线电压回路断线	B	两个电压切换继电器常闭接点串联后再与保护屏后空开位置接点并接		
		20	信号的校验线无压	B	线路电压继电器常闭接点		
		21	信号的校验线切换继电器同时动作	B		根据接线方式	
		22	信号的校验线电气回路闭锁解除	B			
	四、测控单元信号						
		1	控制方式远方（就地）	D			
		2	信号的校验线测控装置逻辑闭锁解除	B			
		3	信号的校验线测控装置异常	E	报文上传	测控装置直流消失、自检故障、通信中断合并	
		4	信号的校验线保护通信异常	E	报文上传		
		5	信号的校验线测控装置检修	E	报文上传		
	模拟量						
		1	信号的校验线 A相电流		采电流互感器测量二次		

设备名称	设备类别	序号	信号名称	信息类别	采集要求	信号的校验说明	校验记录
220kV线路		2	信号的校验线 B 相电流		采电流互感器测量二次		
		3	信号的校验线 C 相电流		采电流互感器测量二次		
		4	信号的校验线 A 相电压		采保护电压	计算用	
		5	信号的校验线 B 相电压		采保护电压	计算用	
		6	信号的校验线 C 相电压		采保护电压	计算用	
		7	信号的校验线有功功率			由电压电流计算	
		8	信号的校验线无功功率			由电压电流计算	
		9	信号的校验线功率因数			由电压电流计算	
		10	信号的校验线 A 相线路电容式电压互感器电压				
110kV线路	开关量						
	一、位置信号						
	断路器位置信号						
		1	断路器分位	A	断路器机构常闭接点	与断路器合位校验	
		2	断路器合位	A	断路器机构常开接点	与断路器分位校验	
	隔离开关（含接地刀闸）位置信号						
		1	隔离开关（含接地刀闸）分位	C	隔离开关机构（含接地刀闸）常闭接点	与隔离开关（含接地刀闸）合位校验	
		2	隔离开关（含接地刀闸）合位	C	隔离开关机构（含接地刀闸）常开接点	与隔离开关（含接地刀闸）分位校验	
	二、一次设备本体信号						
			参照 220kV 线路单元，少断路器三相不一致动作				
	三、保护装置及二次回路信号						
		1	信号的校验线事故信号	A	操作箱 KKJ 合后位置与 TWJ 常开接点串联		

设备名称	设备类别	序号	信号名称	信息类别	采集要求	信号的校验说明	校验记录
110kV线路		2	断路器控制回路断线	B			
		3	保护装置异常	B	保护异常/闭锁/电源异常等合并		
		4	保护电压互感器断线	B	装置内部检测判断		
		5	保护电流互感器断线	B	装置内部检测判断	只有分相电流差动保护需要	
		6	保护动作	A	装置保护元件动作		
		7	主保护动作	A	装置全线速动主保护动作（若有）		
		8	信号的校验线重合闸动作	A			
		9	信号的校验线电压回路断线	B	两个电压切换继电器常闭接点串联后再与保护屏后空开位置接点并接		
		10	信号的校验线路无压	B	线路电压继电器常闭接点	根据接线方式	
		11	信号的校验线切换继电器同时动作	B		根据接线方式	
		12	信号的校验线电气回路闭锁解除	B			
	四、测控单元信号						
		1	控制方式远方（就地）	D			
		2	信号的校验线测控装置逻辑闭锁解除	B			
		3	信号的校验线测控装置异常	E	报文上传	测控装置直流消失、自检故障、通信中断合并	
		4	信号的校验线保护通信异常	E	报文上传		
		5	信号的校验线测控装置检修	E	报文上传		
	模拟量						
		1	信号的校验线A相电流		采电流互感器测量二次		

设备名称	设备类别	序号	信号名称	信息类别	采集要求	信号的校验说明	校验记录
110kV线路		2	信号的校验线B相电流		采电流互感器测量二次		
		3	信号的校验线C相电流		采电流互感器测量二次		
		4	信号的校验线A相电压		采保护电压	计算用	
		5	信号的校验线B相电压		采保护电压	计算用	
		6	信号的校验线C相电压		采保护电压	计算用	
		7	信号的校验线有功功率			由电压电流计算	
		8	信号的校验线无功功率			由电压电流计算	
		9	信号的校验线功率因数			由电压电流计算	
		10	信号的校验线A相线路电容式电压互感器电压				
35kV/10kV线路			开关量				
			一、位置信号				
			断路器位置信号				
		1	断路器分位	A	断路器机构常闭接点	与断路器合位校验	
		2	断路器合位	A	断路器机构常开接点	与断路器分位校验	
			隔离开关（含接地刀闸）/手车位置信号				
	闸刀	1	隔离开关（含接地刀闸）分位	C	隔离开关机构（含接地刀闸）常闭接点	与隔离开关（含接地刀闸）合位校验	
		2	隔离开关（含接地刀闸）合位	C	隔离开关机构（含接地刀闸）常开接点	与隔离开关（含接地刀闸）分位校验	
	手车	1	断路器手车试验位置	C			
		2	断路器手车工作位置	C			
		3	地刀分位	C			
		4	地刀合位	C			
			二、一次设备本体信号				

设备名称	设备类别	序号	信号名称	信息类别	采集要求	信号的校验说明	校验记录
		1	SF₆报警	B	根据现场		
		2	SF₆闭锁	B	根据现场		
		3	弹簧未储能	B			
	三、保护装置及二次回路信号						
		1	信号的校验线事故信号	A	报文		
		2	控制回路断线	B	报文		
		3	保护装置异常	B	报文	保护异常、闭锁、电源、通信异常等	
		4	保护动作	A	报文或硬接点		
		5	重合闸动作	A	报文或硬接点		
		6	低周（低压）减载动作	A	根据现场		
		7	信号的校验线路单相接地	B	根据现场		
		8	交流电源回路失电	B	含储能电源、加热、闭锁回路电源		
35kV/10kV线路		9	远近控切换	D			
	模拟量						
		1	信号的校验线路A相电流			根据现场	
		2	信号的校验线路B相电流			根据现场	
		3	信号的校验线路C相电流			根据现场	
		4	信号的校验线路A相电压		采保护电压	计算用	
		5	信号的校验线路B相电压		采保护电压	计算用	
		6	信号的校验线路C相电压		采保护电压	计算用	
		7	信号的校验线路有功功率			由电压电流计算	
		8	信号的校验线路无功功率			由电压电流计算	

续表

设备名称	设备类别	序号	信号名称	信息类别	采集要求	信号的校验说明	校验记录
	开关量						
	一、位置信号						
	220kV侧		参照220kV线路单元				
	110kV侧		参照110kV线路单元				
	35kV/10kV侧		参照35kV/10kV线路单元				
			主变中性点闸刀分位	C		与主变中性点闸刀合位校验	
			主变中性点闸刀合位	C		与主变中性点闸刀分位校验	
	二、断路器及电流互感器本体信号						
	220kV侧		参照220kV线路单元				
	110kV侧		参照110kV线路单元				
主变部分	35kV/10kV侧		参照35kV/10kV线路单元				
	三、主变本体信号						
		1	本体重瓦斯动作	A			
		2	本体轻瓦斯发信	B			
		3	有载重瓦斯动作	A			
		4	有载轻瓦斯发信	B			
		5	本体压力释放动作	A			
		6	主变油位异常	B			
		7	主变温度异常	B	线温和油温异常合并		
		8	有载调压动作	D			
		9	有载调压装置异常	B	含电源故障、滑档等		
		10	在线滤油装置动作	D			
		11	在线滤油装置异常	B	含电源故障等		
		12	充氮灭火装置动作	A			

设备名称	设备类别	序号	信号名称	信息类别	采集要求	信号的校验说明	校验记录
主变部分		13	充氮灭火装置异常	B			
		14	信号的校验主变分接头位置	D	BCD 码输入		
	四、冷却系统						
	自然油循环风冷	1	风扇一级投入	D			
		2	风扇二级投入	D			
		3	风扇故障	B		含电源开关、风扇热耦动作等	
		4	备用风扇投入	B			
		5	风扇工作电源Ⅰ或Ⅱ故障	B	监视三相电源		
		6	风扇操作电源故障	B	监视三相电源	公共的工作电源母线失电	
	强迫油循环风冷	1	辅助冷却器投入	D			
		2	冷却器故障	B		含电源开关、油泵或风扇热耦动作等	
		3	备用冷却器投入	B			
		4	冷却器全停	A			
		5	冷却器工作电源Ⅰ或Ⅱ故障	B	监视三相电源		
		6	冷却器操作电源故障	B	监视三相电源	两路工作电源所切母线失电	
	五、电气量保护及二次回路						
	电气保护	1	第一套信号的校验主变保护装置异常	B	保护异常/闭锁/电源异常等合并	每套保护要列出保护型号	
		2	第一套信号的校验主变保护电压互感器断线	B	装置内部检测判断		
		3	第一套信号的校验主变保护电流互感器断线	B	装置内部检测判断		
		4	第一套信号的校验主变保护动作	A	该装置保护元件动作		
		5	第一套信号的校验主变差动保护动作	A	该装置主保护动作		

续表

设备名称	设备类别	序号	信号名称	信息类别	采集要求	信号的校验说明	校验记录
主变部分	电气保护	6	第二套信号的校验主变保护装置异常	B	保护异常/闭锁/电源异常等合并	每套保护要列出保护型号	
		7	第二套信号的校验主变保护电压互感器断线	B	装置内部检测判断		
		8	第二套信号的校验主变保护电流互感器断线	B	装置内部检测判断	只有分相电流差动保护需要	
		9	第二套信号的校验主变保护动作	A	该装置保护元件动作		
		10	第二套信号的校验主变差动保护动作	A	该装置主保护动作		
		11	信号的校验主变过负荷	B	各侧并联		
		12	失灵判别装置异常	B	保护异常/闭锁/电源异常等合并		
		13	本体保护装置异常	B	保护异常/闭锁/电源异常等合并		
	220kV侧	1	信号的校验主变220kV侧事故信号	A	操作箱 KKJ 合后位置与 TWJ 常开接点串联		
		2	信号的校验主变220kV侧电压回路断线	B	两个电压切换继电器常闭接点串联后再与保护屏后空开位置接点并接		
		3	信号的校验主变220kV侧切换继电器同时动作	B		根据接线方式	
		4	断路器第一组控制回路断线	B			
		5	断路器第二组控制回路断线	B			
		6	信号的校验主变220kV侧断路器三相不一致动作	A	本体和保护并联	适用于分相操作机构	
		7	信号的校验主变220kV侧电气回路闭锁解除	B			

设备名称	设备类别	序号	信号名称	信息类别	采集要求	信号的校验说明	校验记录
主变部分	110kV侧	1	信号的校验主变110kV侧事故信号	A	操作箱KKJ合后位置与TWJ常开接点串联		
		2	信号的校验主变110kV侧电压回路断线	B	两个电压切换继电器常闭接点串联后再与保护屏后空开位置接点并接		
		3	信号的校验主变110kV侧切换继电器同时动作	B		根据接线方式	
		4	信号的校验主变110kV侧断路器控制回路断线	B			
		5	信号的校验主变110kV侧电气回路闭锁解除	B			
	35kV/10kV侧	1	信号的校验主变35kV/10kV侧事故信号	A	操作箱KKJ合后位置与TWJ常开接点串联		
		2	信号的校验主变35kV/10kV侧电压回路断线	B	保护屏后空开位置接点		
		3	信号的校验主变35kV/10kV侧断路器控制回路断线	B			
六、测控单元信号							
		1	220kV控制方式远方（就地）	D			
		2	110kV控制方式远方（就地）	D			
		3	35kV/10kV控制方式远方（就地）	D			
		4	信号的校验主变220kV侧测控装置逻辑闭锁解除	B			
		5	信号的校验主变110kV侧测控装置逻辑闭锁解除	B			
		6	信号的校验主变测控装置异常	E	报文上传	测控装置直流消失、自检故障、通信中断合并	

续表

设备名称	设备类别	序号	信号名称	信息类别	采集要求	信号的校验说明	校验记录
主变部分		7	信号的校验主变保护通信异常	E	报文上传		
		8	信号的校验主变测控装置检修	E	报文上传		
	七、模拟量						
		1	信号的校验主变220kV侧A相电流		采套管电流互感器测量二次		
		2	信号的校验主变220kV侧B相电流		采套管电流互感器测量二次		
		3	信号的校验主变220kV侧C相电流		采套管电流互感器测量二次		
		4	信号的校验主变220kV侧A相电压		采保护电压	计算用	
		5	信号的校验主变220kV侧B相电压		采保护电压	计算用	
		6	信号的校验主变220kV侧C相电压		采保护电压	计算用	
		7	信号的校验主变220kV侧有功功率			由电压电流计算	
		8	信号的校验主变220kV侧无功功率			由电压电流计算	
		9	信号的校验主变220kV侧功率因数			由电压电流计算	
		10	信号的校验主变110kV侧A相电流		采套管电流互感器测量二次		
		11	信号的校验主变110kV侧B相电流		采套管电流互感器测量二次		
		12	信号的校验主变110kV侧C相电流		采套管电流互感器测量二次		
		13	信号的校验主变110kV侧A相电压		采保护电压	计算用	

设备 名称	设备 类别	序 号	信号名称	信息 类别	采集要求	信号的校验说明	校验记录
		14	信号的校验主变 110kV 侧 B 相 电压		采保护电压	计算用	
		15	信号的校验主变 110kV 侧 C 相 电压		采保护电压	计算用	
		16	信号的校验主变 110kV 侧有功功率			由电压电流计算	
		17	信号的校验主变 110kV 侧无功功率			由电压电流计算	
		18	信号的校验主变 110kV 侧功率因数			由电压电流计算	
		19	信号的校验主变 低压侧 A 相电流				
		20	信号的校验主变 低压侧 B 相电流				
主变 部分		21	信号的校验主变 低压侧 C 相电流				
		22	信号的校验主变 低压侧 A 相电压		采保护电压	计算用	
		23	信号的校验主变 低压侧 B 相电压		采保护电压	计算用	
		24	信号的校验主变 低压侧 C 相电压		采保护电压	计算用	
		25	信号的校验主变 低压侧有功功率			由电压电流计算	
		26	信号的校验主变 低压侧无功功率			由电压电流计算	
		27	信号的校验主变 低压侧功率因数			由电压电流计算	
		28	信号的校验主变 油温 1		Pt100 电阻上传		
		29	信号的校验主变 油温 2		Pt100 电阻上传		
		30	信号的校验主变 线温				

续表

设备名称	设备类别	序号	信号名称	信息类别	采集要求	信号的校验说明	校验记录
	开关量						
	一、位置信号						
			参照 220kV 线路单元				
	二、一次设备本体信号						
			参照 220kV 线路单元				
	三、保护装置及二次回路信号						
		1	事故信号	A	操作箱 KKJ 合后位置与 TWJ 常开接点串联		
		2	断路器控制回路断线	B			
		3	保护装置异常	B	保护异常/闭锁/电源异常等合并		
		4	保护动作	A	装置保护元件动作		
		5	启动失灵	A			
		6	电气回路闭锁解除	B			
220kV 母联	四、测控单元信号						
		1	控制方式远方（就地）	D			
		2	测控装置逻辑闭锁解除	B			
		3	测控装置异常	E	报文上传	测控装置直流消失、自检故障、通信中断合并	
		4	保护通信异常	E	报文上传		
		5	测控装置检修	E	报文上传		
	模拟量						
		1	母联 A 相电流		采电流互感器测量二次		
		2	母联 B 相电流		采电流互感器测量二次		
		3	母联 C 相电流		采电流互感器测量二次		
		4	母联 A 相电压		采保护电压	计算用	

设备名称	设备类别	序号	信号名称	信息类别	采集要求	信号的校验说明	校验记录
220kV母联		5	母联 B 相电压		采保护电压	计算用	
		6	母联 C 相电压		采保护电压	计算用	
		7	母联有功功率			由电压电流计算	
		8	母联无功功率			由电压电流计算	
110kV母联	开关量						
	一、位置信号						
			参照 110kV 线路单元				
	二、一次设备本体信号						
			参照 110kV 线路单元				
	三、保护装置及二次回路信号						
		1	事故信号	A	操作箱 KKJ 合后位置与 TWJ 常开接点串联		
		2	断路器控制回路断线	B			
		3	保护装置异常	B	保护异常/闭锁/电源异常等合并		
		4	保护动作	A	装置保护元件动作		
		5	电气回路闭锁解除	B			
	四、测控单元信号						
		1	控制方式远方（就地）	D			
		2	测控装置逻辑闭锁解除	B			
		3	测控装置异常	E	报文上传	测控装置直流消失、自检故障、通信中断合并	
		4	保护通信异常	E	报文上传		
		5	测控装置检修	E	报文上传		
	模拟量						
		1	母联 A 相电流		采电流互感器测量二次		
		2	母联 B 相电流		采电流互感器测量二次		

设备名称	设备类别	序号	信号名称	信息类别	采集要求	信号的校验说明	校验记录
110kV母联		3	母联 C 相电流		采电流互感器测量二次		
		4	母联 A 相电压		采保护电压	计算用	
		5	母联 B 相电压		采保护电压	计算用	
		6	母联 C 相电压		采保护电压	计算用	
		7	母联有功功率			由电压电流计算	
		8	母联无功功率			由电压电流计算	
35kV/10kV电容器	开关量						
	一、位置信号						
		1	参照 35kV/10kV 线路单元				
		2	真空接触器分位	C			
		3	真空接触器合位	C			
	二、一次设备本体信号						
		1	SF₆ 报警	B	根据现场		
		2	SF₆ 闭锁	B	根据现场		
		3	弹簧未储能	B			
		4	电容器本体异常	B	根据现场	含瓦斯、温度、压力释放等	
	三、保护装置及二次回路信号						
		1	事故信号	A	报文		
		2	控制回路断线	B	报文		
		3	保护装置异常	B	报文	保护异常、闭锁、电源、通信异常等	
		4	电容器电流保护动作	A	报文		
		5	电容器电压保护动作	A	报文	欠电压、过电压、失电压等	
		6	单相接地	B	根据现场		
		7	交流电源回路失电	B		含储能电源、加热、闭锁回路电源	
		8	远近控切换	D			
	模拟量						
		1	信号的校验电容器 A 相电流				
		2	信号的校验电容器 B 相电流				

设备名称	设备类别	序号	信号名称	信息类别	采集要求	信号的校验说明	校验记录
35kV/10kV电容器		3	信号的校验电容器C相电流				
		4	信号的校验电容器A相电压		采保护电压	计算用	
		5	信号的校验电容器B相电压		采保护电压	计算用	
		6	信号的校验电容器C相电压		采保护电压	计算用	
		7	信号的校验电容器无功功率			由电压电流计算	
35kV电抗器	开关量						
	一、位置信号						
			参照35kV/10kV线路单元				
	二、一次设备本体信号						
		1	SF₆报警	B	根据现场		
		2	SF₆闭锁	B	根据现场		
		3	弹簧未储能	B			
		4	电抗器本体异常	B		温控器报警、温控器电源消失等	
	三、保护装置及二次回路信号						
			参照35kV电容器单元				
	模拟量						
		1	参照35kV电容器单元				
		2	电抗器温度				
35kV/10kV分段开关	开关量						
	一、位置信号						
			参照35kV/10kV线路单元				
	二、一次设备本体信号						
			参照35kV/10kV线路单元				
	三、保护装置及二次回路信号						
		1	事故信号	A	报文		
		2	控制回路断线	B	报文		

续表

设备名称	设备类别	序号	信号名称	信息类别	采集要求	信号的校验说明	校验记录
35kV/10kV分段开关		3	保护装置异常	B	报文	保护异常、闭锁、电源、通信异常等	
		4	保护装置动作	A			
		5	备自投动作	A			
		6	备自投装置异常	B	报文	保护异常、闭锁、电源、通信异常等	
		7	备自投闭锁	B			
		8	交流电源回路失电	B		含储能电源、加热、闭锁回路电源	
		9	远近控切换	D			
	模拟量						
		1	信号的校验分段开关A相电流			根据现场	
		2	信号的校验分段开关B相电流			根据现场	
		3	信号的校验分段开关C相电流			根据现场	
220kV/110kV母线	开关量						
	一、位置信号						
		1	母线接地刀闸分位	C	母线接地刀闸常闭接点	与母线接地刀闸合位校验	
		2	母线接地刀闸合位	C	母线接地刀闸常开接点	与母线接地刀闸分位校验	
		3	压变隔离开关（含压变接地刀闸）分位	C	压变隔离开关机构（含压变接地刀闸）常闭接点	与压变隔离开关（含压变接地刀闸）合位校验	
		4	压变隔离开关（含压变接地刀闸）合位	C	压变隔离开关机构（含压变接地刀闸）常开接点	与压变隔离开关（含压变接地刀闸）分位校验	
	二、保护装置及二次回路信号						
	母线差动保护						
		1	母线差动保护动作	A			
		2	母线差动失灵保护动作	A			
		3	母线差动充电保护动作	A			
		4	母线差动互连（单母方式）	B			

设备名称	设备类别	序号	信号名称	信息类别	采集要求	信号的校验说明	校验记录
220kV/ 110kV 母线		5	母线差动保护装置异常	B		保护异常/闭锁/电源异常等	
		6	母线闸刀开入异常	B			
		7	母线差动电压回路断线（复合电压动作）	B			
		8	母线差动电流互感器回路断线	B			
		9	母线差动差流越限	B			
	母线压变						
		1	保护电压互感器二次空气开关跳开	B			
		2	压变二次并列	B			
		3	计量电压消失	B		电压继电器与计量电压互感器二次空气开关跳开并联	
		4	压变并列装置直流消失	B			
		5	压变刀闸电气回路闭锁解除	B			
		6	信号的校验母线电压检测分析仪报警	B			
	三、测控单元信号						
		1	压变刀闸测控回路闭锁解除	B			
		2	母线测控装置异常	B	报文上传	测控装置直流消失、自检故障、通信中断合并	
		3	母线保护通信异常	B	报文上传		
		4	母线测控装置检修	D	报文上传		
	模拟量						
	220kV 母线	1	220kV 信号的校验母线 A 相电压				

续表

设备名称	设备类别	序号	信号名称	信息类别	采集要求	信号的校验说明	校验记录
220kV/110kV母线	220kV母线	2	220kV信号的校验母线B相电压				
		3	220kV信号的校验母线C相电压				
		4	220kV信号的校验母线频率				
	110kV母线	1	110kV信号的校验母线A相电压				
		2	110kV信号的校验母线B相电压				
		3	110kV信号的校验母线C相电压				
35kV/10kV母线	开关量						
	一、位置信号						
	闸刀	1	母线接地刀闸分位	C	母线接地刀闸常闭接点	与母线接地刀闸合位校验	
		2	母线接地刀闸合位	C	母线接地刀闸常开接点	与母线接地刀闸分位校验	
		3	压变隔离开关（含压变接地刀闸）分位	C	压变隔离开关机构（含压变接地刀闸）常闭接点	与压变隔离开关（含压变接地刀闸）合位校验	
		4	压变隔离开关（含压变接地刀闸）合位	C	压变隔离开关机构（含压变接地刀闸）常开接点	与压变隔离开关（含压变接地刀闸）分位校验	
	手车	1	断路器手车试验位置	C			
		2	断路器手车工作位置	C			
	二、保护装置及二次回路信号						
		1	保护电压互感器二次空气开关跳开	B			
		2	压变二次并列	B			
		3	计量电压消失	B	电压继电器与计量电压互感器二次空气开关跳开并联		

设备名称	设备类别	序号	信号名称	信息类别	采集要求	信号的校验说明	校验记录
		4	压变并列装置直流消失	B			
		5	35kV/10kV 母线接地	B	$3U_0$ 电压继电器动作接点		
35kV/10kV 母线	模拟量						
		1	35kV/10kV 信号的校验母线 A 相电压				
		2	35kV/10kV 信号的校验母线 B 相电压				
		3	35kV/10kV 信号的校验母线 C 相电压				
		4	35kV/10kV 信号的校验母线 $3U_0$				
直流系统	开关量						
		1	直流接地	B			
		2	直流系统异常	B	直流充电装置异常、直流绝缘监测异常、蓄电池检测异常等的硬接点并联		
		3	不间断电源装置异常	B			
		4	通信电源 DC/DC 装置异常	B			
	模拟量						
		1	直流正母线对地电压				
		2	直流负母线对地电压				
		3	直流母线电压				
		4	浮充电流				
		5	通信电源 DC/DC 输出电压				
交流所用电系统	开关量						
		1	×所用变次级开关分	C			
		2	×所用变次级开关合	C			

续表

设备名称	设备类别	序号	信号名称	信息类别	采集要求	信号的校验说明	校验记录
交流所用电系统		3	所用变分段开关分	C			
		4	所用变分段开关合	C			
		5	所用电×母线失电	B			
		6	所用变自投动作	B		110kV/35kV 变电站设所变进线自投	
		7	×号所用变本体异常	B		干式变：超温，油变：瓦斯	
	模拟量						
		1	所用电×段母线 A相电压				
		2	所用电×段母线 B相电压				
		3	所用电×段母线 C相电压				
		4	×所变进线 A相电流				
		5	×所变进线 B相电流				
		6	×所变进线 C相电流				
消弧线圈	开关量						
		1	消弧线圈刀闸位置	C			
		2	消弧线圈动作	B			
		3	消弧线圈装置异常	B		消弧线圈拒动/档位错误/调谐装置异常/调谐装置交直流电压消失等	
公用信号	开关量						
		1	故障录波器启动录波信号	D			
		2	故障录波器装置异常	B			
		3	低周（低压）减载装置动作	A		独立装置	
		4	低周（低压）减载装置异常	B		独立装置	

设备名称	设备类别	序号	信号名称	信息类别	采集要求	信号的校验说明	校验记录
公用信号		5	公共测控装置异常	B		通信中断/电源异常等	
		6	GPS 失步或异常	B			
		7	开关室 SF$_6$ 气体浓度高报警	B			
		8	火灾报警装置动作	B			
		9	火灾报警装置异常	B			
		10	功角测量装置异常	B			
		11	通信接口柜装置异常	B			
		12	故障测距柜装置异常	B			
		13	视频监控系统故障信号	B			
自动化系统信号	开关量						
		1	变电站主（备）通道投入/退出	E			
		2	变电站投入/退出	E			
		3	遥测异常（越上限、上上限、下限、下下限、恢复正常、总加不刷新等）	E			
AVC 系统信号	开关量						
		1	AVC 调压信号（××变×母线电压高/低，调节主变/投退电容器；××变无功倒流/不足，投退电容器）	D		根据现场	
		2	×××电容器手工操作，闭锁该电容器	D			

续表

设备名称	设备类别	序号	信号名称	信息类别	采集要求	信号的校验说明	校验记录
AVC系统信号		3	××变10kV×母线单相接地，闭锁该母线自动调压	B		根据现场	
		4	×××电容器遥控失败，闭锁该电容器	B			
		5	××变无调压措施	B			
		6	×××变压器滑档	B			
全站遥控量							
		1	断路器分合				
		2	负荷开关			根据现场	
		3	电容器分组真空接触器			根据现场	
		4	电动隔离开关分合		带I/O逻辑闭锁		
		5	电动接地闸刀分合		带I/O逻辑闭锁		
		6	主变分接头				
		7	主变中性点隔离开关				
		8	断路器手车推进/拉出		带I/O逻辑闭锁	根据现场	
		9	快速主保护软压板投退（高频和光纤差动）				
		10	重合闸软压板投退			软压板需增加相应的虚遥信	
		11	备自投功能软压板投退				
		12	切换定值区				
		13	35kV及以下保护软压板投退				
		14	其他辅助设备装置投退				
		15	电压互感器二次联络				

设备名称	设备类别	序号	信号名称	信息类别	采集要求	信号的校验说明	校验记录
		16	母联断路器控制电源操作				
全站 I/O 逻辑闭锁输出（不含遥控分、合）							
		1	电动隔离开关就地操作		需要跨间隔判断才设置闭锁输出		
		2	电动接地闸刀就地操作		需要跨间隔判断才设置闭锁输出		
		3	电动隔离开关就地手摇操作		需要跨间隔判断才设置闭锁输出	根据现场	
		4	电动接地闸刀就地手摇操作		需要跨间隔判断才设置闭锁输出	根据现场	
系统合成上传量	开关量						
		1	全站事故总信号	A			
		2	220kV 及以上系统事故信号	A			
	模拟量						
		1	线电压				
		2	有功功率				
		3	无功功率				
		4	功率因数				
		5	220kV 母线频率（正、负）				

199

参 考 文 献

［1］ 王国光．变电站二次回路．北京：中国电力出版社，2012.

［2］ 张保会．电力系统继电保护．北京：中国电力出版社，2005.

［3］ 丁书文．变电站综合自动化技术．北京：中国电力出版社，2005.

［4］ 李斌．变电站综合自动化技术．北京：中国高等教育出版社，2008.

［5］ RCS－9700 UNIX 版变电站综合自动化系统调度、值班员操作指南（版本 1.0）．南瑞继保电气有限公司，2002.

［6］ HMK8 变压器有载分接开关控制器使用说明书．上海华明电力设备制造有限公司，2011.

［7］ 国家电网公司人力资源部．电网调度自动化厂站端调试检修（上、下册）．北京：中国电力出版社，2010.

［8］ 广西电网公司备自投装置定检及日常维护作业指导书．2013.

［9］ 重庆新世纪电气有限公司．EDCS－8000 系列电力综合自动化系统说明书．2011.

［10］ 南瑞继保电气有限公司．南瑞 RCS－9000 系列综合自动化系统说明书．

［11］ 蒋剑．110kV 变电站典型二次回路图解．百度文库．

［12］ 张宝光．隔离开关闭锁装置的原理与验收．百度文库．

［13］ 南瑞继保电气有限公司．RCS－941 系列高压输电线路成套保护装置技术和使用说明书．

［14］ 南瑞继保电气有限公司．RCS－978 系列变压器保护装置 220kV 版技术说明书．

［15］ 南瑞继保电气有限公司．RCS－9700 系列 C 型测控装置技术和使用说明书．

［16］ 正泰电气股份有限公司．10kV 开关柜厂家图册．

［17］ 正泰电气股份有限公司．110kV 断路器隔离开关厂家图册．

［18］ 宜宾电业局继电保护工作手册．继电保护及二次回路．百度文库．

［19］ 新疆电网变电站运行监控数据采集规范（试行）．百度文库．